《中国古脊椎动物志》编辑委员会主编

中国古脊椎动物志

第二卷

两栖类 爬行类 鸟类

主编 李锦玲 | 副主编 周忠和

第九册（总第十三册）

鸟 类

周忠和 王 敏 李志恒 编著

科学技术部国家科技基础资源调查专项（2021FY200100）资助

科 学 出 版 社
北 京

内 容 简 介

本册志书是对 2018 年 7 月之前在中国发现并已发表的鸟类化石材料的系统厘定和总结，内容包括鸟类导言、中生代鸟类和新生代鸟类系统记述。导言包括鸟类的定义、系统发育及分类，鸟类骨骼特征及鸟类化石在中国的地史及地理分布，中国鸟类化石的研究历史等。系统记述将中生代鸟类和新生代鸟类作为两个独立的部分进行了介绍。中生代鸟类部分对近期有关中生代鸟类，特别是一些高阶分类单元的分支系统学研究的成果做了介绍；记述了包括热河鸟目、会鸟目、孔子鸟目、反鸟类和今鸟型类的 83 属 92 种。新生代鸟类部分记述 28 属 32 种。共计 111 属 124 种。每个模式种均附有图片，对一些存有争议的高阶分类单元进行了概要评述。志书还提供了较完整的最新参考文献。

本书是我国凡涉及地学、生物学、考古学的大专院校、科研机构、博物馆有关科研人员及业余古生物爱好者的基础参考书，也可为科普创作提供必要的基础参考资料。

图书在版编目（CIP）数据

中国古脊椎动物志. 第2卷. 两栖类、爬行类、鸟类. 第9册，鸟类：总第13册/周忠和，王敏，李志恒编著.—北京：科学出版社，2022.3
ISBN 978-7-03-065199-0

I.①中⋯　II.①周⋯②王⋯③李⋯　III.①古动物－脊椎动物门－动物志－中国②古动物－鸟类－动物志－中国　IV.①Q915.86

中国版本图书馆CIP数据核字（2022）第015487号

责任编辑：胡晓春　孟美岑 / 责任校对：张小霞
责任印制：肖　兴 / 封面设计：黄华斌

科 学 出 版 社 出版
北京东黄城根北街16号
邮政编码：100717
http://www.sciencep.com

中国科学院印刷厂 印刷
科学出版社发行　各地新华书店经销

*

2022年3月第 一 版　　开本：787×1092　1/16
2022年3月第一次印刷　　印张：15 1/4
字数：315 000

定价：218.00元
（如有印装质量问题，我社负责调换）

Editorial Committee of Palaeovertebrata Sinica

PALAEOVERTEBRATA SINICA

Volume II

Amphibians, Reptilians, and Avians

Editor-in-Chief: **Li Jinling** | Associate Editor-in-Chief: **Zhou Zhonghe**

Fascicle 9 (Serial no. 13)

Avians

By **Zhou Zhonghe, Wang Min,** and **Li Zhiheng**

Supported by Science & Technology Fundamental Resources Investigation Program
(Grant No. 2021FY200100)

Science Press
Beijing

本册撰写人员分工

鸟类导言	周忠和 E-mail: zhouzhonghe@ivpp.ac.cn
	王　敏 E-mail: wangmin@ivpp.ac.cn
	李志恒 E-mail: lizhiheng@ivpp.ac.cn
中生代鸟类	王　敏
	周忠和
新生代鸟类	李志恒

（以上编写人员所在单位均为中国科学院古脊椎动物与古人类研究所，中国科学院脊椎动物演化与人类起源重点实验室）

Contributors to this Fascicle

Introduction	Zhou Zhonghe E-mail: zhouzhonghe@ivpp.ac.cn
	Wang Min E-mail: wangmin@ ivpp.ac.cn
	Li Zhiheng E-mail: lizhiheng@ ivpp.ac.cn
Mesozoic birds	Wang Min
	Zhou Zhonghe
Cenozoic birds	Li Zhiheng

(All the contributors are from the Institute of Vertebrate Paleontology and Paleoanthropology, Chinese Academy of Sciences, Key Laboratory of Vertebrate Evolution and Human Origins of Chinese Academy of Sciences)

总　序

　　中国第一本有关脊椎动物化石的手册性读物是 1954 年杨钟健、刘宪亭、周明镇和贾兰坡编写的《中国标准化石——脊椎动物》。因范围限定为标准化石，该书仅收录了 88 种化石，其中哺乳动物仅 37 种，不及德日进（P. Teilhard de Chardin）1942 年在《中国化石哺乳类》中所列举的在中国发现并已发表的哺乳类化石种数（约 550 种）的十分之一。所以这本只有 57 页的小册子还不能算作一本真正的脊椎动物化石手册。我国第一本真正的这样的手册是 1960－1961 年在杨钟健和周明镇领导下，由中国科学院古脊椎动物与古人类研究所的同仁们集体编撰出版的《中国脊椎动物化石手册》。该手册共记述脊椎动物化石 386 属 650 种，分为《哺乳动物部分》（1960 年出版）和《鱼类、两栖类和爬行类部分》（1961 年出版）两个分册。前者记述了 276 属 515 种化石，后者记述了 110 属 135 种。这是对自 1870 年英国博物学家欧文（R. Owen）首次科学研究产自中国的哺乳动物化石以来，到 1960 年前研究发表过的全部脊椎动物化石材料的总结。其中鱼类、两栖类和爬行类化石主要由中国学者研究发表，而哺乳动物则很大一部分由国外学者研究发表。"文化大革命"之后不久，1979 年由董枝明、齐陶和尤玉柱编汇的《中国脊椎动物化石手册》（增订版）出版，共收录化石 619 属 1268 种。这意味着在不到 20 年的时间里新发现的化石属、种数量差不多翻了一番（属为 1.6 倍，种为 1.95 倍）。

　　自 20 世纪 80 年代末开始，国家对科技事业的投入逐渐加大，我国的古脊椎动物学逐渐步入了快速发展的时期。新的脊椎动物化石及新属、种的数量，特别是在鱼类、两栖类和爬行动物方面，快速增加。1992 年孙艾玲等出版了《The Chinese Fossil Reptiles and Their Kins》，记述了两栖类、爬行类和鸟类化石 228 属 328 种。李锦玲、吴肖春和张福成于 2008 年又出版了该书的修订版（书名中的 Kins 已更正为 Kin），将属种数提高到 416 属 564 种。这比 1979 年手册中这一部分化石的数量（186 属 219 种）增加了大约 1 倍半（属近 2.24 倍，种近 2.58 倍）。在哺乳动物方面，20 世纪 90 年代初，中国科学院古脊椎动物与古人类研究所一些从事小哺乳动物化石研究的同仁们，曾经酝酿编写一部《中国小哺乳动物化石志》，并已草拟了提纲和具体分工，但由于种种原因，这一计划未能实现。

　　自 20 世纪 90 年代末以来，我国在古生代鱼类化石和中生代两栖类、翼龙、恐龙、鸟类，以及中、新生代哺乳类化石的发现和研究方面又有了新的重大突破，在恐龙蛋和爬行动物及鸟类足迹方面也有大量新发现。粗略估算，我国现有古脊椎动物化石种的总数已经超过 3000 个。我国是古脊椎动物化石赋存大国，有关收藏逐年增加，在研究方面正在努力进入世界强国行列的过程之中。此前所出版的各类手册性的著作已落后于我国古脊椎动物研究发展的现状，无法满足国内外有关学者了解我国这一学科领域进展的迫切需求。美国古生物学家 S. G. Lucas，积 5 次访问中国的经历，历时近 20 年，于 2001 年出版了一部 370 多页的《Chinese Fossil Vertebrates》。这部书虽然并非以罗列和记述属、种为主旨，而且其资料的收集限于 1996 年以前，却仍然是国外学者了解中国古脊椎动物学发展脉络的重要读物。这可以说是从国际古脊椎动物研究的角度对上述需求的一种反映。

2006 年，科技部基础研究司启动了国家科技基础性工作专项计划，重点对科学考察、科技文献典籍编研等方面的工作加大支持力度。是年 10 月科技部召开研讨中国各门类化石系统总结与志书编研的座谈会。这才使我国学者由自己撰写一部全新的、涵盖全面的古脊椎动物志书的愿望，有了得以实现的机遇。中国科学院南京地质古生物研究所和古脊椎动物与古人类研究所的领导十分珍视这次机遇，于 2006 年年底前，向科技部提交了由两所共同起草的"中国各门类化石系统总结与志书编研"的立项申请。2007 年 4 月 27 日，该项目正式获科技部批准。《中国古脊椎动物志》即是该项目的一个组成部分。

在本志筹备和编研的过程中，国内外前辈和同行们的工作一直是我们学习和借鉴的榜样。在我国，"三志"（《中国动物志》、《中国植物志》和《中国孢子植物志》）的编研，已经历时半个多世纪之久。其中《中国植物志》自 1959 年开始出版，至 2004 年已全部出齐。这部皇皇巨著分为 80 卷，126 册，记载了我国 301 科 3408 属 31142 种植物，共 5000 多万字。《中国动物志》自 1962 年启动后，已编撰出版了 126 卷、册，至今仍在继续出版。《中国孢子植物志》自 1987 年开始，至今已出版 80 多卷（不完全统计），现仍在继续出版。在国外，可以作为借鉴的古生物方面的志书类著作，有苏联出版的《古生物志》（《Основы Палеонтологии》）。全书共 15 册，出版于 1959－1964 年，其中古脊椎动物为 3 册。法国的《Traité de Paléontologie》（实际是古动物志），全书共 7 卷 10 册，其中古脊椎动物（包括人类）为 4 卷 7 册，出版于 1952－1969 年，历时 18 年。此外，C. M. Janis 等编撰的《Evolution of Tertiary Mammals of North America》（两卷本）也是一部对北美新生代哺乳动物化石属级以上分类单元的系统总结。该书从 1978 年开始构思，直到 2008 年才编撰完成，历时 30 年。

参考我国"三志"和国外志书类著作编研的经验，我们在筹备初期即成立了志书编辑委员会，并同步进行了志书编研的总体构思。2007 年 10 月 10 日由 17 人组成的《中国古脊椎动物志》编辑委员会正式成立（2008 年胡耀明委员去世，2011 年 2 月 28 日增补邓涛、尤海鲁和张兆群为委员，2012 年 11 月 15 日又增加金帆和倪喜军两位委员，现共 21 人）。2007 年 11 月 30 日《中国古脊椎动物志》"编辑委员会组成与章程"、"管理条例"和"编写规则"三个试行草案正式发布，其中"编写规则"在志书撰写的过程中不断修改，直至 2010 年 1 月才有了一个比较正式的试行版本，2013 年 1 月又有了一个更为完善的修订本，至今仍在不断修改和完善中。

考虑到我国古脊椎动物学发展的现状，在汲取前人经验的基础上，编委会决定：①延续《中国脊椎动物化石手册》的传统，《中国古脊椎动物志》的记述内容也细化到种一级。这与国外类似的志书类都不同，后者通常都停留在属一级水平。②采取顶层设计，由编委会统一制定志书总体结构，将全志大体按照脊椎动物演化的顺序划分卷、册；直接聘请能够胜任志书要求的合适研究人员负责编撰工作，而没有采取自由申报、逐项核批的操作程序。③确保项目经费足额并及时到位，力争志书编研按预定计划有序进行，做到定期分批出版，努力把全志出版周期限定在 10 年左右。

编委会将《中国古脊椎动物志》的编写宗旨确定为："本志应是一套能够代表我国古脊椎动物学当前研究水平的中文基础性丛书。本志力求全面收集中国已发表的古脊椎动物化石资料，以骨骼形态性状为主要依据，吸收分子生物学研究的新成果，尝试运用分支系统学的理论和方法认识和阐述古脊椎动物演化历史、改造林奈分类体系，使之与演化历史更为吻合；着重对属、种进行较全面、准确的文字介绍，并尽可能附以清晰的模式标本图照，但不创建新的分类单元。本志主要读者对象是中国地学、生物学工作者及爱好者，高校师生，自然博物馆类机构的工作人员和科普工作者。"

编委会在将"代表我国古脊椎动物学当前研究水平"列入撰写本志的宗旨时，已经意识到实现这一目标的艰巨性。这一点也是所有参撰人员在此后的实践过程中越来越深刻地感受到的。正如在本志第一卷第一册"脊椎动物总论"中所论述的，自 20 世纪 50 年代以来，在古生物学和直接影响古生物学发展的相关领域中发生了可谓"翻天覆地"的变化。在 20 世纪七八十年代已形成了以 Mayr 和 Simpson 为代表的演化分类学派（evolutionary taxonomy）、以 Hennig 为代表的系统发育系统学派 [phylogenetic systematics，又称分支系统学派（cladistic systematics，或简化为 cladistics）] 及以 Sokal 和 Sneath 为代表的数值分类学派（numerical taxonomy）的"三国鼎立"的局面。自 20 世纪 90 年代以来，分支系统学派逐渐占据了明显的优势地位。进入 21 世纪以来，围绕着生物分类的原理、原则、程序及方法等的争论又日趋激烈，形成了新的"三国"。以演化分类学家 Mayr 和 Bock 为代表的"达尔文分类学派"（Darwinian classification），坚持依据相似性（similarity）和系谱（genealogy）两项准则作为分类基础，并保留林奈套叠等级体系，认为这正是达尔文早就提出的生物分类思想。在分支系统学派内部分成两派：以 de Quieroz 和 Gauthier 为代表的持更激进观点的分支系统学家组成了"系统发育分类命名法规学派"（简称 PhyloCode）。他们以单一的系谱（genealogy）作为生物分类的依据，并坚持废除林奈等级体系的观点。以 M. J. Benton 等为代表的持比较保守观点的分支系统学家则主张，在坚持分支系统学核心理论的基础上，采取某些折中措施以改进并保留林奈式分类和命名体系。目前争论仍在进行中。到目前为止还没有任何一个具体的脊椎动物的划分方案得到大多数生物和古生物学家的认可。我国的古生物学家大多还处在对这些新的论点、原理和方法以及争论论点实质的不断认识和消化的过程之中。这种现状首先影响到志书的总体架构：如何划分卷、册？各卷、册使用何种标题名称？系统记述部分中各高阶元及其名称如何取舍？基于林奈分类的《国际动物命名法规》是否要严格执行？……这些问题的存在甚至对编撰本志书的科学性和必要性都形成了质疑和挑战。

在《中国古脊椎动物志》立项和实施之初，我们确曾希望能够建立一个为本志书各卷、册所共同采用的脊椎动物分类方案。通过多次尝试，我们逐渐发现，由于脊椎动物内各大类群的研究历史和分类研究传统不尽相同，对当前不同分类体系及其使用的方法，在接受程度上差别较大，并很难在短期内弥合。因此，在目前要建立一个比较合理、能被广泛接受、涵盖整个脊椎动物的分类方案，便极为困难。虽然如此，通过多次反复研讨，参撰人员就如何看待分类和究竟应该采取何种分类方案等还是逐渐取得了如下一些共识：

1）分支系统学在重建生物演化过程中，以其对分支在演化过程中的重要作用的深刻认识和严谨的逻辑推导方法，而成为当前获得古生物学家广泛支持的一种学说。任何生物分类都应力求真实地反映生物演化的过程，在当前则应力求与分支系统学的中心法则（central tenet）以及与严格按照其原则和方法所获得的结论相符。

2）生物演化的历史（系统发育）和如何以分类来表达这一历史，属于两个不同范畴。分类除了要真实地反映演化历史外，还肩负协助人类认知和记忆的功能。两者不必、也不可能完全对等。在当前和未来很长一段时期内，以二维和文字形式表达演化过程的最好方式，仍应该是现行的基于林奈分类和命名法的套叠等级体系。从实用的观点看，把十几代科学工作者历经 250 余年按照演化理论不断改进的、由近 200 万个物种组成的庞大的阶元分类体系彻底抛弃而另建一新体系，是不可想象的，也是极难实现的。

3）分类倘若与分支系统学核心概念相悖，例如不以共祖后裔而单纯以形态特征为分类依据，由复系类群组成分类单元等，这样的分类应予改正。对于分支系统学中一些重要但并非核心的论点，诸如姐妹群需是同级阶元的要求，干群（"Stammgruppe"）的分类价值和地位的判别，以及不同大类群的阶元级别的划分和确立等，正像分支系统学派内部有些学者提出的，可以采取折中措施使分支系统学的基本理论与以林奈分类和命名法为基础建立的现行分类体系在最大程度上相互吻合。

4）对于因分支点增多而所需阶元数目剧增的矛盾，可采取以下折中措施解决。①对高度不对称的姐妹群不必赋予同级阶元。②对于重要的、在生物学领域中广为人知并广泛应用、而目前尚无更好解决办法的一些大的类群，可实行阶元转移和跃升，如鸟类产生于蜥臀目下的一个分支，可以跃升为纲级分类单元（详见第一卷第一册的"脊椎动物总论"）。③适量增加新的阶元级别，例如 1997 年 McKenna 和 Bell 已经提出推荐使用新的主阶元，如 Legion（阵）、Cohort（部）等，和新的次级阶元，如 Magno-（巨）、Grand-（大）、Miro-（中）和 Parvo-（小）等。④减少以分支点设阶的数量，如仅对关键节点设立阶元、次要节点以顺序先后（sequencing）表示等。⑤应用全群（total group）的概念，不对其中的并系的干群（stem group 或"Stammgruppe"）设立单独的阶元等。

5）保留脊椎动物现行亚门一级分类地位不变，以避免造成对整个生物分类体系的冲击。科级及以下分类单元的分类地位基本上都已稳定，应尽可能予以保留，并严格按照最新的《国际动物命名法规》（1999 年第四版）的建议和要求处置。

根据上述共识，我们在第一卷第一册的"脊椎动物总论"中，提出了一个主要依据中国所有化石所建立的脊椎动物亚门的分类方案（PVS-2013）。我们并不奢求每位参与本志书撰写的人员一定接受它，而只是推荐一个可供选择的方案。

对生物分类学产生重要影响的另一因素则是分子生物学。依据分支系统学原理和方法，借助计算机高速数学运算，通过分析分子生物学资料（DNA、RNA、蛋白质等的序列数据）来探讨生物物种和类群的系统发育关系及支系分异的顺序和时间，是当前分子生物学领域的热点之一。一些分子生物学家对某些高阶分类单元（例如目级）的单系性和这些分类单元之间的系统关系进行探索，提出了一些令形态分类学家和古生物学家耳目一新的新见解。例如，现生哺乳动物 18 个目之间的系统和分类关系，一直是古生物学家感到十分棘手的问题，因为能够找到的目之间的共有裔征（synapomorphy）很少，而经常只有共有祖征（symplesiomorphy）。相反，分子生物学家们则可以在分子水平上找到新的证据，将它们进行重新分解和组合。例如，他们在一些属于不同目的"非洲类型"的哺乳动物（管齿目、长鼻目、蹄兔目和海牛目）和一些非洲土著的"食虫类"（无尾猬、金鼹等）中发现了一些共同的基因组变异，如乳腺癌抗原 1（BRCA1）中有 9 个碱基对的缺失，还在基因组的非编码区中发现了特有的"非洲短散布核元件（AfroSINES）"。他们把上述这些"非洲类型"的动物合在一起，组成一个比目更高的分类单元（Afrotheria，非洲兽类）。根据类似的分子生物学信息，他们把其他大陆的异节类、真魁兽啮型类和劳亚兽类看作是与非洲兽类同级的单元。分子生物学家们所提出的许多全新观点，虽然在细节上尚有很多值得进一步商榷之处，但对现行的分类体系无疑具有重要的参考价值，应在本志中得到应有的重视和反映。

采取哪种分类方案直接决定了本志书的总体结构和各卷、册的划分。经历了多次变化后，最后我们没有采用严格按照节点型定义的现生动物（冠群）五"纲"（鱼、两栖、爬行、鸟和哺乳动物）将志书划分为五卷的办法。其中的缘由，一是因为以化石为主的各"纲"在体量上相差过于悬殊。现生动物的五纲，在体量上比较均衡（参见第一卷第一册"脊椎动物总论"中有关部分），而在化石中情况就大不相同。两栖类和鸟类化石的体量都很小：两栖类化石目前只有不到 40 个种，而鸟类化石也只有大约五六十种（不包括现生种的化石）。这与化石鱼类，特别是哺乳类在体量上差别很悬殊。二是因为化石的爬行类和冠群的爬行动物纲有很大的差别。现有的化石记录已经清楚地显示，从早期的羊膜类动物中很早就分出两大主要支系：一支通过早期的下孔类演化为哺乳动物。下孔类，按照演化分类学家的观点，虽然是哺乳动物的早期祖先，但在形态特征上仍然和爬行类最为接近，因此应该归入爬行类。按照分支系统学家的观点，早期下孔类和哺乳动物共同组成一个全群（total group），两者无疑应该分在同一卷内。该全群的名称应该叫做下孔类，亦即：下孔类包含哺乳动物。另一支则是所有其他的爬行动物，包括从蜥臀类恐龙的虚骨龙类的一个分支演化出的鸟类，因此鸟类应该与爬行类放在同一卷内。上述情况使我们最后决定将两栖类、不包括下孔类的爬行类与鸟类合为一卷（第二卷），而早期下孔类和哺乳动物则共同组成第三卷。

在卷、册标题名称的选择上，我们碰到了同样的问题。分支系统学派，特别是系统发育分类命名法规学派，虽然强烈反对在分类体系中建立绝对阶元级别，但其基于严格单系分支概念的分类名称则是"全套叠式"的，亦即每个高阶分类单元必须包括其成员最近的共同祖先及由此祖先所产生的所有后代。例如传统意义中的鱼类既然包括肉鳍鱼类，那么也必须包括由其产生的所有的四足动物及其所有后代。这样，在需要表述某一"全套叠式"的名称的一部分成员时，就会遇到很大的困难，会出现诸如"非鸟恐龙"之类的称谓。相反，林奈分类体系中的高阶分类单元名称却是"分段套叠式"的，其五纲的概念是互不包容的。从分支系统学的观点看，其中的鱼纲、两栖纲和爬行纲都是不包括其所有后代的并系类群（paraphyletic groups），只有鸟纲和哺乳动物纲本身是真正的单系分支（clade）。林奈五纲的概念在生物学界已经根深蒂固，不会引起歧义，因此本志书在卷、册的标题名称上还是沿用了林奈的"分段套叠式"的概念。另外，由于化石类群和冠群在内涵和定义上有相当大的差别，我们没有直接采用纲、目等阶元名称，而是采用了含义宽泛的"类"。第三卷的名称使用了"基干下孔类　哺乳类"是因为"下孔类"这一分类概念在学界并非人人皆知，若在标题中舍弃人人皆知的哺乳类，而单独使用将哺乳类包括在内的下孔类这一全群的名称，则会使大多数读者感到茫然。

在编撰本志书的过程中我们所碰到的最后一类问题是全套志书的规范化和一致性的问题。这类问题十分烦琐，我们所花费时间也最多。

首先，全志在科级以下分类单元中与命名有关的所有词汇的概念及其用法，必须遵循《国际动物命名法规》。在本志书项目开始之前，1999年最新一版（第四版）的《International Code of Zoological Nomenclature》已经出版。2007年中译本《国际动物命名法规》（第四版）也已出版。由于种种原因，我国从事这方面工作的专业人员，在建立新科、属、种的时候，往往很少认真阅读和严格遵循《国际动物命名法规》，充其量也只是参考张永辂1983年出版的《古生物命名拉丁语》中关于命名法的介绍，而后者中的一些概念，与最新的《国际动物命名法规》并不完全符合。这使得我国的古脊椎动物在属、种级分类单元的命名、修订、重组，对模式的认定，模式标本的类型（正模、副模、选模、副选模、新模等）和含义，其选定的条件及表述等方面，都存在着不同程度的混乱。

这些都需要认真地予以厘定，以免在今后以讹传讹。

其次，在解剖学，特别是分类学外来术语的中译名的取舍上，也经常令我们感到十分棘手。"全国科学技术名词审定委员会公布名词"（网络 2.0 版）是我们主要的参考源。但是，我们也发现，其中有些术语的译法不够精准。事实上，在尊重传统用法和译法精准这两者之间有时很难做出令人满意的抉择。例如，对 phylogeny 的译法，在"全国科学技术名词审定委员会公布名词"中就有种系发生、系统发生、系统发育和系统演化四种译法，在其他场合也有译为亲缘关系的。按照词义的精准度考虑，钟补求于 1964 年在《新系统学》中译本的"校后记"中所建议的"种系发生"大概是最好的。但是我国从 1922 年杜就田所编撰的《动物学大词典》中就使用了"系统发育"的译法，以和个体发育（ontogeny）相对应。在我国从 1978 年开始的介绍和翻译分支系统学的热潮中，几乎所有的译介者都沿用了"系统发育"一词。经过多次反复斟酌，最后，我们也采用了这一译法。类似的情况还有很多，这里无法一一列举，这些抉择是否恰当只能留待读者去评判了。

再次，要使全套志书能够基本达到首尾一致也绝非易事。像这样一部预计有 3 卷 23 册的丛书，需要花费众多专家多年的辛勤劳动才能完成；而在确立各种体例和格式之类的琐事上，恐怕就要花费其中一半的时间和精力。诸如在每一册中从目录列举的级别、各章节排列的顺序，附录、索引和文献列举的方式及详简程度，到全书中经常使用的外国人名和地名、化石收藏机构等的缩写和译名等，都是非常耗时费力的工作。仅仅是对早期文献是否全部列入这一点，就经过了多次讨论，最后才确定，对于 19 世纪中叶以前的经典性著作，在后辈学者有过系统而全面的介绍的情况下（例如 Gregory 于 1910 年对诸如 Linnaeus、Blumenbach、Cuvier 等关于分类方案的引述），就只列后者的文献了。此外，在撰写过程中对一些细节的决定经常会出现反复，需经多次斟酌、讨论、修改，最后再确定；而每一次反复和重新确定，又会带来新的、额外的工作量，而且确定的时间越晚，增加的工作量也就越大。这其中的烦琐和日久积累的心烦意乱，实非局外人所能体会。所幸，参加这一工作的同行都能理解：科学的成败，往往在于细节。他们以本志书的最后完成为己任，孜孜矻矻，不厌其烦，而且大多都能在规定的时限内完成预定的任务。

本志编撰的初衷，是充分发挥老科学家的主导作用。在开始阶段，编委会确实努力按照这一意图，尽量安排老科学家担负主要卷、册的编研。但是随着工作的推进，编委会越来越深切地感觉到，没有一批年富力强的中年科学家的参与，这一任务很难按照原先的设想圆满完成。老科学家在对具体化石的认知和某些领域的综合掌控上具有明显的经验优势，但在吸收新鲜事物和新手段的运用、特别是在追踪新兴学派的进展上，却难以与中年才俊相媲美。近年来，我国古脊椎动物学领域在国内外都涌现出一批极为杰出的人才，其中有些是在国外顶级科研和教学机构中培养和磨砺出来的科学家。他们的参与对于本志书达到"当前研究水平"的目标起到了关键的作用。值得庆幸的是，我们所邀请的几位这样的中年才俊，都在他们本已十分繁忙的日程中，挤出相当多时间参与本志有关部分的撰写和／或评审工作。由于编撰工作中技术性任务量大、质量要求高，一部分年轻的学子也积极投入到这项工作中。最后这支编撰队伍实实在在地变成了一支老中青相结合的队伍了。

大凡立志要编撰一本专业性强的手册性读物，编撰者首要的追求，一定是原始资料的可靠和记录及诠释的准确性，以及由此而产生的权威性。这样才能经得起广大读者的推敲和时间的考验，才能让读者放心地使用。在追求商业利益之风日盛、在科普读物中往往充斥着种种真假难辨的猎奇之词的今天，这一点尤其显得重要，这也是本编辑委员会和每一位参撰人员所共同努力追求并为之奋斗的目标。虽然如此，由于我们本身的学识水平和认识所限，错误和疏漏之处一定不少，真诚地希望读者批评指正。

感谢　《中国古脊椎动物志》编研工作得以启动，首先要感谢科技部具体负责此项工作的基础研究司的领导，也要感谢国家自然科学基金委员会、中国科学院和相关政府部门长期以来对古脊椎动物学这一基础研究领域的大力支持。令我们特别难以忘怀的是几位参与我国基础性学科调研并提出宝贵建议的地学界同行，如黄鼎成和马福臣先生，是他们对临界或业已退休、但身体尚健的老科学工作者的报国之心的深刻理解和积极奔走，才促成本专项得以顺利立项，使一批新中国建立后成长起来的老古生物学家有机会把自己毕生积淀的专业知识的精华总结和奉献出来。另外，本志书编委会要感谢本专项的挂靠单位，中国科学院古脊椎动物与古人类研究所的领导和各处、室，特别是标本馆、图书室、负责照相和绘图的技术室，以及财务处的同仁们，对志书工作的大力支持。编委会要特别感谢负责处理日常事务的本专项办公室的同仁们。在志书编撰的过程中，在每一次研讨会、汇报会、乃至财务审计等活动中，他们忙碌的身影都给我们留下了难忘的印象。我们还非常幸运地得到了与科学出版社的胡晓春编辑共事的机会。她细致的工作作风和精湛的专业技能，使每一个接触到她的参撰人员都感佩不已。在本志书的编撰过程中，还有很多国内外的学者在稿件的学术评审过程中提出了很多中肯的批评和改进意见，使我们受益匪浅，也使志书的质量得到明显的提高。这些在相关册的致谢中都将做出详细说明，编委会在此也向他们一并表达我们衷心的感谢。

《中国古脊椎动物志》编辑委员会

2013 年 8 月

编委会说明：在 2015 年出版的各册的总序第 vi 页第二段第 3-4 行中"**其最早的祖先**"叙述错误，现已更正为"**其成员最近的共同祖先**"。书后所附"《中国古脊椎动物志》总目录"也根据最新变化做了修订。敬请注意。　　　　　　　　　　　　　　　　　　　2017 年 6 月

特别说明：本书主要用于科学研究。书中可能存在未能联系到版权所有者的图片，请见书后与科学出版社联系处理相关事宜。

本 册 前 言

20世纪中期鸟类起源曾一度成为最大的科学热点之一。这导致在《中国古脊椎动物志》筹措的初期曾考虑把鸟类化石作为志书中单独的一卷出版，后来在综合考虑多种因素后才决定把它和两栖类、爬行类合在一起，作为第二卷最后一册（第九册），由周忠和和张福成分别担任主编和副主编。在志书的第二期项目（2013–2018）中正式列入出版计划。由于张福成工作调动（至临沂大学），最终确定由周忠和、王敏、李志恒三位同志共同撰写，实际工作始于2018年7月。

本册志书与志书其他各册最大的不同是没有严格地按照系统演化的顺序进行记述，而是将中生代和新生代的鸟类化石分为独立的部分。这样做的最主要的理由是中生代鸟类化石在分类上的独特性和不确定性。中生代的鸟类绝大多数属于早白垩世的干群，与起源于晚白垩世的冠群，在演化上的关系较远，而在种属上又可以截然分开。无法完全套用传统的林奈分类法，而不得不更多地利用基于分支系统学所创建出来的一些命名建议。例如现在获得大多数学者认可的中生代鸟类单系类群中基于结点或支干的名字，如尾综骨类、鸟胸类、反鸟类等，它们都是代表了"中生代鸟类系统树"中不同等级的单系类群（clade）的名称。而在这些类之下，才包含了目、科、属等传统分类系统常用的分级单元，例如孔子鸟目、热河鸟目等（详细定义见导言部分）。这样的分类名称系统兼顾了科学性与实用性这两个方面的考虑。当然，其中还有一些单属、单种的中生代鸟类很难归入到现有目一级别的分类系统当中，则仅仅归在某些大类之下，例如很多反鸟类中的目、科未定种等。

新生代鸟类，由于所有类型都包括在鸟类冠群（Neornithines）之中，越来越多的形态和分子生物学证据都支持现代鸟类最早分化发生在白垩纪晚期，有两大姐妹群分支，即古颚类和新颚类，而新颚类又分化出鸡雁类和其他所有鸟类（统称为新鸟类）。在这两个大类之下，传统的目、科、属等分类单元均可被采用。古近纪的化石多归入到目一级的分类中，独立成化石科、属级的分类单元；古近纪、新近纪之交则是很多冠群鸟类科一级分类单元的起源时间，而新近纪的一些化石则大都归入到了现代鸟类科一级的分类单元中。当然个别的化石属种也很难归入到现代鸟类目一级的分类单元，则被列入到了目、科未定种。基于系统树的高阶元的现代鸟类名称在新生代鸟类这一部分中并没有被广泛采用，主要是源于对今鸟类早期演化历史的认识仍有较大的不确定性。尽管近年来全基因组序列大量地获取，但在分子演化模型的选取、覆盖鸟类种属上、不同统计方法的应用上的不同仍得到不一致的结论，而这些分析结果反过来对高阶元的名称的含义有很大的影响。

在整理鸟类系统记述时，我们发现部分属、种名称在创建时仅使用了音译（transliteration）拉丁化，由于汉语系同音异义语系，许多名称的真正含义不易从字面上得知，因此，我们在属名词源（etymology）中根据有关条款对名称含义进行了补充说明。对于命名中一些拉丁化中出现的问题，如异源复合名称（nomen hybridium）（如希、拉混用），连接元音的不当选择，以及其他一些词义和文法方面的问题，考虑到这些原始名称已广泛见于文献，且不存在重复现象，为了避免混淆，本书仍沿用原始文献发表时的名称，不作修正。

本册中所包括的大多数正型标本保存于中国科学院古脊椎动物与古人类研究所，而在对其他存于地方博物馆中标本照片的查询、获取、研究和对比工作中，均得到了相关单位和很多地质、古生物同行的支持，例如山东省天宇自然博物馆在标本对比上提供了大力协助，在此表示感谢。

中国科学院古脊椎动物与古人类研究所相关技术与支撑人员，对标本的修理、保存和保管保护等做出了重要的贡献，在这里向资深修理技师李玉同先生、标本馆郑芳女士等表示感谢。另外，近十年来国家自然科学基金（基础中心项目）、科技部973项目等对古生物研究提供的持续稳定支持，也是本册能够成书的关键条件。

本书命名问题中涉及的规范和应用，得到了邱占祥院士的大力协助，特此致谢。在此还要感谢技术室高伟同志对大部分照片的拍摄，另外一些化石照片和线条图则来源于文献，在这里向原文作者致谢。因水平有限，时间仓促，疏漏之处在所难免，敬请读者谅解。我们希望本册志书可以为中国古鸟类学的研究和发展起到一定的促进作用。

本册涉及的机构名称及缩写

【缩写原则：1. 本志书所采用的机构名称及缩写仅为本志使用方便起见编制，并非规范名称，不具法规效力。2. 机构名称均为当前实际存在的单位名称，个别重要的历史沿革在括号内予以注解。3. 原单位已有正式使用的中、英文名称及/或缩写者（用 * 标示），本志书从之，不做改动。4. 中国机构无正式使用之英文名称及/或缩写者，原则上根据机构的英文名称或按本志所译英文名称字串的首字符（其中地名按音节首字符）顺序排列组成，个别缩写重复者以简便方式另择字符取代之。】

（一）中国机构

*AGB — 安徽省地质博物馆（合肥）Anhui Geological Museum (Hefei)

*BMNH — 北京自然博物馆 Beijing Museum of Natural History

*CDPC — 常州中华恐龙园（江苏）Changzhou Dinosaurs Park (Jiangsu Province)

*CNUVB — 首都师范大学（北京）Capital Normal University (Beijing)

*DNHM — 大连自然博物馆（辽宁）Dalian Natural History Museum (Liaoning Province)

FRDC — 甘肃省地矿局第三地质矿产勘查院古生物研究开发中心（兰州）Fossil Research and Development Center, Third Geological Mineral Resources Exploration Academy, Gansu Provincial Bureau of Geo-Exploration and Mineral Development (Lanzhou)

GPM — 甘肃省博物馆（兰州）Gansu Provincial Museum (Lanzhou)

*GSGM — 甘肃地质博物馆（兰州）Gansu Geological Museum (Lanzhou)

*GMV — 中国地质博物馆（北京）Geological Museum of China (Beijing)

*HZPM — 和政古动物化石博物馆（甘肃）Hezheng Paleozoological Museum (Gansu Province)

*IBCAS — 中国科学院植物研究所（北京）Institute of Botany, Chinese Academy of Sciences (Beijing)

*IVPP — 中国科学院古脊椎动物与古人类研究所（北京）Institute of Vertebrate Paleontology and Paleoanthropology, Chinese Academy of Sciences (Beijing)

*LPM/*PMOL — 辽宁古生物博物馆（沈阳）Liaoning Paleontology Museum / Paleontological Museum of Liaoning (Shenyang)

*NIGP — 中国科学院南京地质古生物研究所（江苏）Nanjing Institute of Geology and Palaeontology, Chinese Academy of Sciences (Jiangsu Province)

*PKUP — 北京大学古生物化石标本馆 Peking University Paleontological Collection

*SDM — 山东博物馆（济南）Shandong Museum (Ji'nan)

*PISNU — 沈阳师范大学古生物研究所（辽宁）Paleontological Institute of Shenyang Normal University (Liaoning Province)

*SJG — 觉华岛史迹宫博物馆（辽宁）Shijigong Historical Site Museum of Juehua Island (Liaoning Province)

*STM — 山东省天宇自然博物馆（平邑）Shandong Tianyu Museum of Natural History (Pingyi)

*SWPM — 山旺古生物化石博物馆（山东 临朐）Shanwang Paleontological Museum (Linqu, Shandong Province)

*XHPM — 大连星海古生物化石博物馆（辽宁）Xinghai Paleontological Museum of Dalian (Liaoning Province)

*YFGP — 宜州化石地质公园（辽宁）Yizhou Fossil and Geology Park (Liaoning Province)

（二）外国机构

*AMNH — American Museum of Natural History (New York) 美国自然历史博物馆（纽约）

*MEUU — Museum of Evolution (including former Paleontological Museum) of Uppsala University (Sweden) 乌普萨拉大学演化博物馆（瑞典）

目　　录

第一部分 导 言

一、鸟类特征概述

鸟类属于脊椎动物，是脊椎动物中适应飞行最为成功的一支。鸟类与哺乳动物是脊椎动物中具有恒温特征的两大类群，也是除了鱼类之外最为成功的脊椎动物。现生鸟类包括了近万种，个体差异大，小至蜂鸟，大至鸵鸟，占据了地球上陆地和海洋几乎所有不同的生态域。

传统上认为，鸟类以羽毛和飞行区别于其他脊椎动物，但最新的研究表明鸟类是恐龙的后裔，而且大量带羽毛恐龙的发现表明多种不同类型的羽毛至少在恐龙中已经开始出现，而且一些恐龙也具备了原始的飞行能力。因此，无论是羽毛还是飞行都不再是鸟类区别于其他脊椎动物的特征。也曾经有学者提出叉骨（锁骨）是鸟类区别于其他动物的特征，但近年来的发现和研究表明，一些恐龙同样保存了这一特征。

如果暂不考虑化石类群，现生的鸟类与其他脊椎动物的区别还是十分显著的。虽然绝大多数的鸟类能够飞行，但也有一些鸟类退化了飞行的功能，与之相伴的是一系列形态（包括羽毛结构）、生理、生活习性等的改变。虽然在鸟类一亿五千万年的漫长历史过程中，飞行的退化曾经独立发生了许多次，但无论是能够飞行的鸟类还是已经不同程度退化了飞行的鸟类，它们都保留了羽毛，中空的长骨，以及流线型的体型，并且在其他形态和生理学特征上与其他现生的脊椎动物类群具有显著的区别。

鸟类的羽毛由恐龙祖先身上的同源结构演变而来。羽毛不仅提供调节体温、飞行、性展示等重要功能，还衍生出其他一些功能。羽毛主要由 feather beta-角蛋白组成，这类蛋白特殊的结构，能够支撑鸟类的飞行。羽毛通常可以分为正羽和绒羽。前者包括羽轴和羽枝（可以进一步细分为羽小枝等结构）。飞羽是正羽的主要构成，包括附着于前肢的羽毛和尾羽。飞行鸟类的正羽通常具有不对称的羽片。附着在手（掌）部的羽毛被称为初级飞羽；附着于前臂（尺骨）上的羽毛被称为次级飞羽。少数鸟类的飞羽还可以附着于肱骨上，被称为三级飞羽。尾羽多排列为扇状，帮助调整方向和降速，此外尾羽也是性展示的重要结构。

鸟类在适应飞行的演化过程中，基因组变小，但形态上发生了巨大的改变。总体而言，鸟类的骨骼较轻。长骨通常中空，髓腔内有网格状柱状小骨，帮助提升骨骼强度。而且许多骨骼还具有气腔，用于充填气囊，头骨和身体的许多骨骼产生了愈合或退化。

虽然一些早期的鸟类依然保留牙齿，但所有现生鸟类的牙齿都已完全退化，代之以角质喙的发育，不同类型的角质喙形态多样性极高，可以适应不同的取食的需要，当然喙还承担了其他一些功能，如展示、交流等。鸟类头骨的活动性总体较差，头骨的活动多与取食有关。眼眶大，眼睛通常被骨质的巩膜环包裹。鸟类的颈椎数量较多（9–25 节，其中以14–15 节最为常见），而且具有异凹型的关节，从而能够更加灵活地活动。鸟类的背椎紧密关节（或愈合），肋骨通常具有背、腹两节（后者与胸骨关节），而且具有钩状突，从而加固胸廓，既保护了内脏，也有助于呼吸。最后一节胸椎、腰椎、荐椎以及部分的前部尾椎愈合为愈合荐椎。鸟类的尾椎总体上较为缩短，除了几节自由尾椎外，最后的几节尾椎愈合为另外一个复合骨，即尾综骨，帮助支撑尾羽（图 1）。

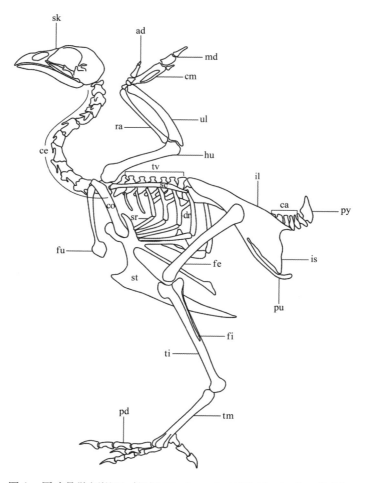

图 1　原鸡骨骼侧视图（根据 Ghetie et al., 1976, Fig. 11 加工绘制）

ad. 小翼指 alular digit, ca. 尾椎 caudal vertebrae, ce. 颈椎 cervical vertebrae, cm. 腕掌骨 carpometacarpus, co. 乌喙骨 coracoid, dr. 背肋 dorsal rib, fe. 股骨 femur, fi. 腓骨 fibula, fu. 叉骨 furcula, hu. 肱骨 humerus, il. 髂骨 ilium, is. 坐骨 ischium, md. 大手指 major digit, pd. 脚趾 pedal digits, pu. 耻骨 pubis, py. 尾综骨 pygostyle, ra. 桡骨 radius, sc. 肩胛骨 scapula, sk. 头骨 skull, sr. 胸肋 sternal rib, st. 胸骨 sternum, ti. 胫跗骨 tibiotarsus, tm. 跗蹠骨 tarsometatarsus, tv. 胸椎 thoracic vertebrae, ul. 尺骨 ulna

鸟类的肩带结构十分特殊，由肩胛骨、乌喙骨和叉骨组成（图1）。这三块骨骼还组成一个鸟类特有的三骨孔，上乌喙肌的肌腱穿过此孔，附着于肱骨之上，从而实现上乌喙肌对前肢的提升作用。鸟类的胸骨发达，具有大的龙骨突，负责附着主要的飞行肌肉，在不飞的鸟类中龙骨突也随之退化。在鸟类中叉骨的作用非常特别，它与身体两侧的肩带相连，也和胸骨相接。在飞行过程中，它起到连接左右两翼，并弹性缓冲的作用。

鸟类的腰带也十分特别，组成腰带的三块骨骼——髂骨、坐骨和耻骨愈合在一起，而且还与愈合荐椎愈合。

鸟类的前肢特化为适应飞行羽毛附着的翼，腕部与掌骨愈合为腕掌骨，以增加强度，只保留三个手指，指骨数量减少。早期的鸟类化石中还保留较多的手指和指爪，但所有现生鸟类在成年阶段指爪都已完全退化消失。

鸟类的后肢也十分特化。股骨近似水平位置，主要依赖踝关节调制步幅，腓骨短细，多数不与近端跗骨关节，胫骨与近端跗骨愈合到了一起，构成了胫跗骨。鸟类的脚部的蹠骨，与远端的跗骨愈合在一起，形成了跗蹠骨。当然早期的鸟类中依然还可以见到没有愈合或者部分愈合的情况。鸟类具有4个脚趾。鸟类脚及其蹼的形态多样，能够适应不同的生态环境。

鸟类的体重中，骨骼占比较小，用于飞行的肌肉占比很高。用于飞行的肌肉中，最重要的有两块，一是胸大肌，二是上乌喙肌，分别负责前肢的下拉和上提。

鸟类的呼吸系统高度特化，气体在肺中是单向流动的（不同于其他脊椎动物），具有较强的呼吸能力，以满足飞行的需要。鸟类除了具有肺之外，还具有与之相连的气囊，气囊数量不等，大多数鸟类有7个。因此鸟类具有特殊高效的呼吸系统，即在吸气和呼气时都能在肺部进行气体交换，被称为双重呼吸。鸟类通常具有坚固的胸廓，保护鸟类在飞行过程中内脏的稳固和安全。

鸟类的消化系统高度特化，消化道明显短于哺乳动物者。为维持很高的新陈代谢，鸟类需要不断摄入大量的食物，食物类型十分多样化。因为没有牙齿，鸟类通常吞入食物，需要消化没有经过咀嚼的食物。不同形态的喙能够帮助摄入获取不同类型的食物。食道前端常常膨大为嗉囊，用于储存食物。胃分为前胃（腺胃）和肌胃（砂囊）两个部分。腺胃具备化学分解的功能，肌胃在功能上与哺乳类的臼齿类似，负责研磨帮助消化坚硬的食物。此外，一些肉食性鸟类还具有反吐的功能，即将难以消化的食物残余物质，如骨骼、鳞片、羽毛等集结成团吐出去。鸟类的肠道长短不一，植食性的鸟类长度相对较长。

鸟类新陈代谢能力高，通常维持40–44℃的体温，以保证飞行等所需要的能量。与哺乳动物一样，鸟类具有双循环系统和四个心室的心脏。鸟类的心脏比同等大小的哺乳动物者大约41%。很高的新陈代谢会产生高热量，羽毛可以起到调节体温的作用。

鸟类的繁殖系统总体上也是退化的。通常只发育左侧的卵巢和输卵管。鸟类是卵生动物，产硬壳蛋。孵化和父母对雏鸟的看护在不同类群中变化较大。鸟类的发育具有早成性到晚成性一系列过渡的类型，显示了鸟类适应不同环境的能力。较为原始的鸟类通常具有早成性，而较为进步的类群通常具有晚成性的发育。

鸟类的神经系统十分发达。其大脑大约是同样大小爬行动物的 6–11 倍。视觉与听觉也都非常发育，便于飞行过程中获得更多空间与周围物体的信息。对始祖鸟的研究表明它已经具备了与现代鸟类类似的内耳的结构。多数鸟类白天活动，但也有一些鸟类能够夜间活动。鸣鸟类，特别是鸣禽类鸟类在脊椎动物中的发声能力是最为强大的。鸣管是鸟类特有的发声结构。鸟类具有很强的学习能力，一些鸟类还学会了使用工具。筑巢是展现鸟类智力的另外一个显著标志。大多数鸟类具有社会性的行为，有些社会性的种类能够隔代传递知识。一些鸟类具有很强的语言模仿和记忆能力。鸟类的远距离的迁徙常常包括个体数量极大的活动，展现了非凡的交流和组织的能力，一些鸟类可以利用感应地球的磁场进行导航。在性选择方面也有许多其他脊椎动物不具备的特征。例如，鸟类的羽毛在性展示方面常常显示重要的作用，许多鸟类展示了性双型的特征，少量鸟类还用很特别的"舞蹈"展示对异性的吸引力。

二、鸟类的骨骼特征

1. 头骨和下颌

鸟类的头骨与其他脊椎动物相比，高度特化，以轻、薄并且高度愈合为主要特征，脑颅向上显著隆起，眼眶大，牙齿完全退失，发育角质喙，角质喙的形态多样，与不同的取食适应有关。头骨的许多骨片愈合在一起，以增加坚固性。头骨具有单个枕髁，与环椎关节（图 2）。

鸟类的头骨虽然高度愈合，但不同鸟类仍然保持一定的活动性（cranial kinesis）。常见的有两种类型，一种是 prokinesis（活动关节介于鼻骨与额骨之间）；另外一种为 rhynchokinesis（活动关节介于前颌骨与鼻骨之间）。

头骨的类型　根据颚部骨骼的特点，鸟类可以分为古颚类和新颚类两大分支。古颚类的颚部主要骨骼特征包括：犁骨大，前端与前颌骨相连，后端与腭骨、翼骨相连；翼骨阻止腭骨与基蝶骨内侧相关节；腭骨与翼骨组成坚固的关节等等。而新颚类的主要骨骼特征包括：犁骨减小，向后不与翼骨接触，或完全退化；颚部骨骼与脑颅的基翼关节退化；发育腭骨与翼骨的关节等。

头骨背面　从前往后，前颌骨通常具有一个细长而背腹向压扁的鼻突，左右前颌骨在吻端愈合；鼻骨前端薄，与前颌骨的鼻突形成关节或愈合，鼻骨后端与额骨关节，向腹面延伸形成鼻骨的上颌突。左右额骨愈合，额骨背向隆起，并且组成头骨顶面的主体，

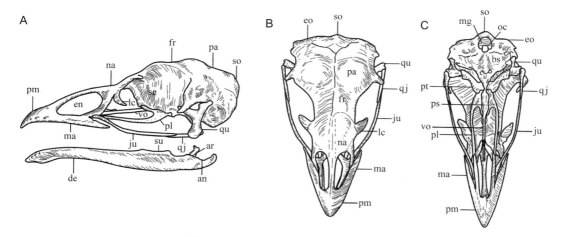

图 2　野生火鸡头骨和下颌基本形态

A. 侧视图；B. 顶视图；C. 腹视图（根据 Ghetie et al., 1976, Figs. 15, 16 加工绘制）。

an. 隅骨 angular, ar. 关节骨 articular, bs. 基蝶骨 basisphenoid, de. 齿骨 dentary, en. 外鼻孔 external naris, eo. 外枕骨 exoccipital, fr. 顶骨 frontal, ju. 颧骨 jugal, lc. 泪骨 lacrimal, ma. 上颌骨 maxilla, mg. 枕骨大孔 foramen magnum, na. 鼻骨 naris, oc. 枕髁 occipital, pa. 额骨 parietal, pl. 腭骨 palatine, pm. 前颌骨 premaxilla, ps. 前蝶骨 presphenoid, pt. 翼骨 pterygoid, qj. 方颧骨 quadratojugal, qu. 方骨 quadrate, se. 眶间隔 interorbital septum, so. 上枕骨 supraoccipital, su. 上隅骨 surangular, vo. 犁骨 vomer

后端与顶骨愈合；左右顶骨愈合，相对较短，两个愈合的顶骨后缘与上枕骨愈合，共同组成头骨的后上部分。头骨的枕面，上枕骨向下与左右两块外枕骨愈合。

　　头骨侧面　前颌骨构成外鼻孔的前半缘，鼻骨构成外鼻孔的后半缘，外鼻孔下缘由高度退化的上颌骨构成。外鼻孔后方，眼眶之前常常有一个较小的眶前窝，前后边缘分别由鼻骨和泪骨组成。颧骨细长，组成眼眶的下缘，后端与方颧骨关节并常常愈合，前端与上颌骨关节。方颧骨与方骨关节。方骨向前上方伸出一个较长的眶突，向上与鳞骨关节，腹面具有两个与下颌连接的关节髁，另有一个杯状凹，与方颧骨关节。

　　头骨腹面　腭部的骨骼主要见于头骨的腹面，主要由犁骨、腭骨、翼骨、基蝶骨和方骨组成。

　　下颌　鸟类的下颌骨骼愈合显著。左右下颌在前端形成齿骨联合。外侧观，从前向后分别为齿骨、上隅骨、隅骨、关节骨。内侧还可以见到夹板骨。关节骨具有关节突，与方骨关联。

2. 头后中轴骨骼

　　鸟类的脊柱可以分为 5 个部分，从前向后，分别是颈椎、背椎、荐椎、尾椎和尾综骨。

　　颈椎　通常有 11–25 节，颈椎之间主要是异凹型关节，具有很大的灵活性，最前面的两节分别为高度特化的寰椎和枢椎。寰椎结构高度特化，神经弓形成一个环状，形成一个大的、近圆形的椎管。枢椎发育椭球形的齿突，与寰椎相连。后部的颈椎通常加长，颈椎的肋骨一般较为退化，但通常发育肋突以及较长的前、后关节突，但神经脊与横突均不发育。

背椎 也称胸椎，数量相对较少（5–7 节），神经脊通常较为发育。在许多鸟类中一些胸椎愈合成为一个联合背椎（notarium），起到加固胸廓的作用。前 2–3 条胸肋较短。其他胸肋一般分为上下两部分，上部的为椎肋，下部为胸肋。中间部分的椎肋通常还有钩状突，联系相邻肋骨。

荐椎 荐椎与个别最后的胸椎以及最前的尾椎愈合成为愈合荐椎，而且与腰带愈合，负责支撑后肢的运动。荐椎的椎体横突通常较长，其他结构较为退化。

尾椎 又称自由尾椎，高度退化，通常 5–10 节，结构简单，通常发育较长的横突。

尾综骨 由 4–7 个最后的几节尾椎愈合而成。主要支撑尾羽的附着。通常由尾综骨基部以及向背延伸的板状突起构成，向远端变尖。

胸骨 是鸟类飞行肌肉附着的主要骨骼，具有许多突起、凹槽和开孔。胸骨通常背面凹陷、腹面隆起，龙骨突是胸骨腹面的一个大的突起，主要附着上乌喙肌。胸骨背面具有许多开孔，可与前胸气囊交流。胸骨前缘两侧发育侧前突；胸骨后缘常常发育一对或两对侧突，有时在胸骨后部两侧形成一对气窗。胸骨前部两侧与胸肋相关节，通常发育若干肋突（costal process）。胸骨近端通常发育胸骨柄。

腹肋 多数中生代鸟类腹部通常保留腹肋（腹膜肋），现代鸟类缺失；与背肋相比，腹肋短而细长，不与任何其他骨骼相关节。左右两侧的腹肋常形成 V 字形夹角。

3. 肩带和前肢骨骼

肩带 由两对肩胛骨、乌喙骨和一个叉骨组成（图3），负责支撑前肢，并且通过胸骨与身体相连。肩胛骨前后伸展，大部分扁平，弯曲，远端通常逐渐变细，近端与乌喙骨关节。肩胛骨近端发育一个大的关节面，与乌喙骨近端共同构成肩臼（glenoid facet），提供肱骨头附着的关节，能够帮助前肢上下活动。乌喙骨通常为柱状，近端与肩胛骨及叉骨关节，远端较宽并且与胸骨近端相关节。

叉骨是连接左右两侧肩带的骨骼，通常为 U 字形或者 V 字形，包括两个细长的锁骨支，远端愈合，近端与乌喙骨相关节。一些鸟类的叉骨远端还形成一个细长的叉骨突与胸骨相接或愈合。叉骨位于身体的最前方，以胸喙锁膜（sternocoracoclavicular membrane）与胸骨和乌喙骨相连。叉骨具有弹性，能够缓冲飞行对身体的冲击。乌喙骨近端通常发育前乌喙突，从而与肩带骨、叉骨一起组成一个鸟类特有的三骨孔，供上乌喙肌的肌腱通过，形成滑轮构造，保证位于下部的上乌喙肌可以将翅膀向上拉升。

前肢 鸟类的前肢高度特化，前肢骨骼通常发育许多气腔和供肌肉附着的突起及凹陷（图4）。肱骨是前肢最靠近身体中轴的一块骨骼，近端发育隆起的肱骨头与肩胛骨和乌喙骨构成的关节面关节，前、后两面的结构差异较大。前视，近端背侧可见发育的

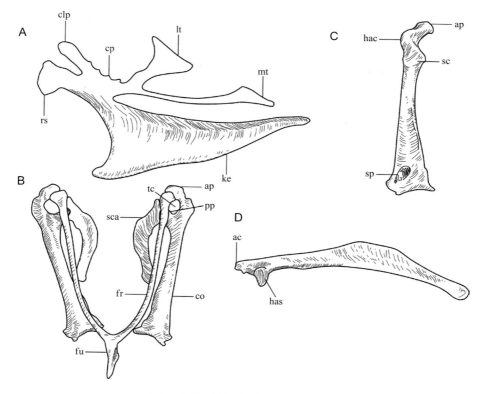

图 3　鸟类（原鸡）肩带骨骼和胸骨

A. 胸骨侧视图；B. 肩带前视图；C. 左乌喙骨背视图；D. 左肩胛骨外视图（根据 Ghetie et al., 1976, Figs. 50, 61, 62, 64 加工绘制）。

ac. 肩峰突 acromion, ap. 喙状突 acoracoid process, clp. 前外侧突 craniolateral process, cp. 肋突 costal process, fr. 叉骨上升支 furcular ramus, fu. 叉骨 furcula, hac. 乌喙骨的肱骨关节面 humeral articular facet of coracoid, has. 肩胛骨的肱骨关节面 humeral articular facet of scapula, ke. 龙骨突 keel, lt. 外侧梁 lateral trabecula, mt. 内侧梁 medial trabecula, pp. 前乌喙突 procoracoid process, sc. 肩胛凹 scapular cotyla, sca. 肩胛骨 scapula, sp. 胸喙窝 sternocoracoidal impression, rs. 胸骨柄 rostral spine, tc. 三骨孔 triosseal canal

三角肌脊，腹侧发育隆起的肱二头肌脊（bicipital crest）；远端发育隆起的背、腹关节髁。后视，近端发育背、腹两个结节，还发育气窝和凹陷；远端发育鹰嘴窝。

　　尺骨与桡骨组成前肢的小臂，通常弯曲，前者较粗。尺骨后侧发育乳突，主要负责附着次级飞羽。尺骨近端发育鹰嘴突（olecranon process）以及背腹两个窝，与肱骨远端形成灵活的关节。尺骨远端发育背、腹关节髁，与手部形成灵活的关节。与尺骨相比，桡骨通常相对较直，结构更为简单，近端形成杯状凹，远端与桡腕骨关节。尺骨与桡骨和肱骨的灵活关节能够使得翅膀完成折叠的动作。

　　手部包括两个近端腕骨、腕掌骨与手指。鸟类保留两个自由近端腕骨，分别是尺腕骨和桡腕骨，前者具有鸟类特有的掌骨切迹（metacarpal incision）。两个自由腕骨分别与尺骨、桡骨以及腕掌骨相关节，形成鸟类特有的腕部关节，从而保障翅膀的折叠。三根掌骨（分别为翼掌骨、大掌骨和小掌骨）在近端与两个远端腕骨完全愈合，大掌骨与小掌骨在

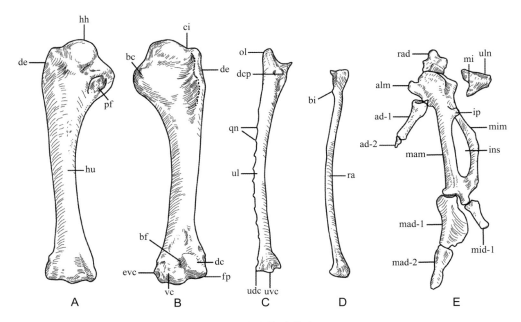

图 4　鸟类前肢骨骼

A. 火鸡左侧肱骨后视图；B. 火鸡左侧肱骨前视图；C. 红头美洲鹫右侧尺骨背视图；D. 红头美洲鹫右侧桡骨背视图；E. 火鸡左侧腕部和手部骨骼背视图（图 A, B, E 根据 Ghetie et al., 1976, Figs. 73, 78 加工绘制；图 C 根据 Baumel et Witmer, 1993, Fig. 4.13 加工绘制）。

ad-1, ad-2. 小翼指第一和第二指节 first and second phalanges of alular digit, alm. 小翼掌骨 alular metacarpal, bc. 二头肌脊 bicipital crest, bf. 肱肌窝 brachial fossa, bi. 二头肌结节 bicipital tubercle, ci. 顶沟 capital incision, dc. 背髁 dorsal condyle, dcp. 背杯状突 dorsal cotylar process, de. 三角肌脊 deltopectoral crest, evc. 腹上髁 ventral epicondyle, fp. 伸肌突 flexor process, hh. 肱骨头 humeral head, hu. 肱骨 humerus, ins. 掌骨间隙 intermetacarpal space, ip. 掌骨间突 intermetacarpal process, mad-1, mad-2. 大手指第一和第二指节 first and second phalanges of major digit, mam. 大掌骨 major metacarpal, mi. 掌骨切迹 metacarpal incision, mid-1. 小手指第一指节 first phalanx of minor digit, mim. 小掌骨 minor metacarpal, ol. 鹰嘴突 olecranon process, pf. 气窝 pneumotricipital foramen, qn. 乳突 quill knob, ra. 桡骨 radius, rad. 桡腕骨 radiale, udc. 尺骨背髁 ulnar dorsal condyle, ul. 尺骨 ulna, uln. 尺腕骨 ulnare, uvc. 尺骨腹髁 ulnar ventral condyle, vc. 腹髁 ventral condyle

近端和远端都愈合，形成坚固的腕掌骨，其近端形成腕骨滑车。大掌骨与小掌骨之间通常具有一个长形的掌骨间隙。翼掌骨十分退化，短小，仅限于腕掌骨的近端，与大掌骨完全愈合，发育伸突，主要附着小翼羽；大掌骨是最强壮的掌骨，与大手指一起负责初级飞羽的附着，通常弯曲，成拱形；小掌骨长度与大掌骨接近，但明显细弱，也常弯曲。

鸟类的手指高度退化，只保留三指，指爪在成年鸟类中完全退化。小翼指保留两节手指，第一节较长，第二节很短，总长度约为掌骨的一半。大手指由两节指骨组成，第一节指骨最为发育，前后膨大；第二节指骨细长，通常略短。小手指只保留一节退化的手指，通常贴附于大手指第一指骨的近后缘。

4. 腰带

鸟类的腰带由髂骨、坐骨与耻骨三块骨骼愈合而成，并且与愈合荐椎愈合为一个整体，支撑后肢（图 5）。侧向发育髋臼，由腰带的三块骨骼共同组成，与后肢关节，后上方还发育对转子。髂骨最大，通常横向扩大，以髋臼为界，可分为髋臼前部和髋臼后部。耻骨细长，向后延伸，常常超过髂骨与坐骨的后缘，与髂骨近于平行。两个耻骨通常向内侧弯曲，组成腰带后部的外缘，但两个耻骨后端并不相接。耻骨在近端常与坐骨一起形成一个小的闭孔。坐骨通常较短，与髂骨愈合，还常与髂骨一起形成髂坐孔。

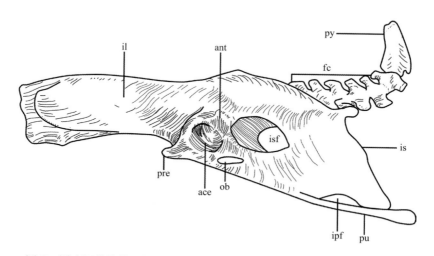

图 5　原鸡腰带骨骼左侧视图（根据 Ghetie et al., 1976, Fig. 79 加工绘制）
ace. 髋臼 acetabulum，ant. 对转子 antitrochanter，fc. 自由尾椎 free caudal vertebrae，il. 髂骨 ilium，ipf. 耻坐窗 ischiopubic fenestra，is. 坐骨 ischium，isf 髂坐孔 ilioischiadic foramen，ob. 闭孔 obturator foramen，pre. 髋臼前突 preacetabular tubercle，pu. 耻骨 pubis，py. 尾综骨 pygostyle

5. 后肢

鸟类的后肢也十分特化（图 6）。股骨较为粗壮，略弯曲，近端发育一个球形的股骨头以及转子脊，远端发育内侧和外侧两个关节髁，以及若干凹陷或沟槽。胫骨通常为后肢最长的一根骨骼，通常较直，与近端跗骨愈合成为胫跗骨，并与腓骨愈合。胫跗骨近端通常发育两个显著的前、侧胫嵴；远端前侧发育两个球状的内、外关节髁，以及大多数鸟类都具有的骨质腱桥（supratendinal bridge）和伸肌槽（sulcus extensor）。腓骨退化为针状的骨片，向远端变细变尖，通常长度不及胫跗骨的一半。

鸟类保留四个跖骨（图 6）。远端跗骨与三根长的跖骨的近端愈合为一根坚固的跗跖骨。近端发育内、外两个杯状凹，与胫跗骨远端的内外髁形成灵活的滑车式关节。近端通常发育一个下跗突，另外还发育一些开孔和沟槽。跗跖骨远端发育三个跖骨滑车（II、III、IV，分别对应第二、三、四跖骨），均向腹面翻转，中间一个通常向远端最为突出，第 II 滑车还向内侧偏转。跗跖骨远端还发育血管孔。第一跖骨已经退化为一很小的骨片，近端与第二跖骨远端关节，远端关节第一趾。

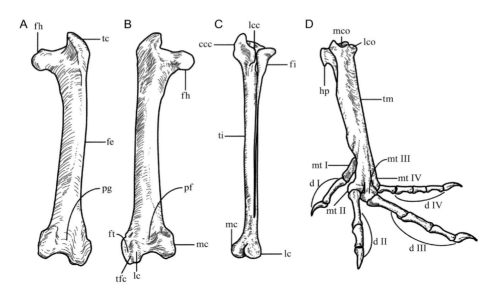

图 6　火鸡后肢骨骼

A. 左侧股骨前视；B. 左侧股骨后视；C. 左侧胫跗骨和腓骨前外侧视；D. 左侧跗蹠骨和脚趾前内侧视（根据 Ghetie et al., 1976, Figs. 93, 97, 99 加工绘制）。

ccc. 前峰 cranial cnemial crest, d I–IV. 第 I–IV 脚趾 pedal digit I–IV, fe. 股骨 femur, fh. 股骨头 femoral head, fi. 腓骨 fibula, ft. 腓骨滑车 fibular trochlea, hp. 下跗骨 hypotarsal, lc. 外髁 lateral condyle, lcc. 侧嵴 lateral cnemial crest, lco. 外杯状凹 lateral cotyla, mc. 内髁 medial condyle, mco. 内杯状凹 medial cotyla, mt I–IV. 第 I–IV 蹠骨 metatarsals I–IV, pf. 腘肌窝 popliteal fossa, pg. 膝盖骨沟 patellar groove, tc. 转子嵴 trochanteric crest, tfc. 胫腓嵴 tibiofibular crest, ti. 胫跗骨 tibiotarsus, tm. 跗蹠骨 tarsometatarsus

　　鸟类的脚趾有四个，通常情况下第一趾与其他三趾形成对握。鸟类的趾式通常为 2-3-4-5。四个脚趾的最后一节为爪节，并多具有角质的爪鞘。

三、鸟类的起源和早期演化

1. 鸟类的起源

　　历史上关于鸟类的起源，主要有三种假说：恐龙起源、鳄类爬行动物起源、槽齿类爬行动物起源。目前公认的鸟类恐龙起源假说最早是由赫胥黎于 1868 年提出的，主要依据是始祖鸟和美颌龙具有相似的骨骼形态。20 世纪初，Robert Broom 在研究一类叫做 *Euparkeria*（派克鳄）的槽齿类时，认为槽齿类是恐龙和鸟类的共同祖先；这一观点得到 Heilmann 的支持，在后者出版的《The Origin of Birds》一书中，提出鸟类由槽齿类演化而来，这一假说在 20 世纪初盛行。鸟类的鳄类起源假说是由 Alice D. Walker 提出，认为鸟类和鳄类构成单系类群，这一观点得到包括 Larry Martin 等的学者的支持。沉寂了半个多世纪的鸟类的恐龙起源假说在以 John Ostrom 为代表的工作后开始复兴，随着不断发现的恐龙和早期鸟类化石，从骨骼形态学、重要的生物学特征等都显示出鸟类是由一类小型的兽脚类恐龙演化而来的，鸟类的恐龙起源假说遂被普遍接受（Zhou, 2004；Xu et al., 2014）。多数分支系统学的研究认为鸟类与恐爪龙类（由伤齿龙类和驰龙类构成）组成姐妹群（图7）（Turner et al., 2012；Foth et al., 2014；Xu et al., 2014）。

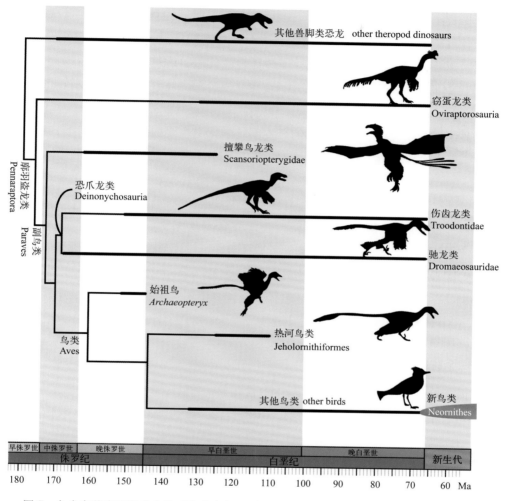

图7　鸟类在兽脚类恐龙中的系统发育位置（根据 Wang et Zhou, 2017a, Fig. 1 加工绘制）

反对鸟类的恐龙起源假说的学者提出的问题主要有两个：手指同源和时间问题。鸟类手指退化，只保留了三个手指，而原始鸟类在由内至外的三个手指上分别具有2、3和4根指节，这样的指式与兽脚类恐龙的第I、II和III指相同，化石的证据表明鸟类的手指与兽脚类恐龙的第I–III指同源（Xu et Mackem, 2013）。但来自现代鸟类胚胎学的证据表明鸟类保留了相当于五指型爬行类动物中间的三根手指（II-III-IV），与兽脚类恐龙的三根手指并非同源结构（Burke et Feduccia, 1997；Feduccia, 2001）。这也是古生物学和现代生物学产生的众多争议中的一例。2009年，Xu等报道了泥潭龙（*Limusaurus*），泥潭龙具有四根手指，最内侧手指（第 I 指）非常退化，Xu 等提出具有三根手指的兽脚类恐龙有可能保留了第 II-III-IV 指，与鸟类手指同源（Xu et al., 2009a）。而越来越多的发育生物学研究表明，现代鸟类三个手指在发育时经历复杂的过程，同源异型（homeosis）机制在其中具有重要作用（Bever et al., 2011；Xu et Mackem, 2013）。目前，围绕现代鸟类手指发育机制还存在大量争论（Young et al., 2011）。时间问题则是指多数发现的与鸟类亲缘关系较近的兽脚类恐龙，生活的时代晚于最古老的鸟类——始祖鸟（距今约 1.5 亿年）（Zhou, 2004）。随着在我国冀北、辽西等地区的中、晚侏罗世燕辽生物群发现了以近鸟龙为代表的带羽毛恐龙（距今约 1.6 亿年），其系统发育位置和鸟类较近，所谓的"时间悖论问题"也得以解决（Xu et al., 2009b；Sullivan et al., 2014）。

近期系统发育研究中，关于鸟类的分支系统学定义主要围绕 Aves（鸟类）和 Avialae（鸟翼类）两个术语展开。Aves 由林奈 1758 年提出，其最初的含义仅指现生鸟类（即冠群）。Padian 和 Chiappe（1998）根据演化关系并利用基于节点（node-based）的定义方式，将 Aves 定义为"由始祖鸟和所有现代鸟类最近的共同祖先及全部后裔所组成的一个单系类群"（Padian et Chiappe, 1998）。而 Avialae（鸟翼类）由 Gauthier（1986）提出，最初的含义是"相对于恐爪龙类而与今鸟类（Ornithurae）关系更近的一个类群"，同时 Gauthier 又将 Avialae 解释为具有翅膀的兽脚类恐龙（Gauthier, 1986）。基于近期分支系统学的研究，多数学者认为 Avialae 是包括家麻雀，但不包括驰龙类或伤齿龙类的最广义单系类群（Xu et al., 2011）。本书遵循上述关于 Aves 和 Avialae 的分支系统学定义。

2. 鸟类的早期演化

本书所指的鸟类早期演化主要涉及中生代鸟类，重点是晚侏罗世和早白垩世的鸟类。始祖鸟类是目前唯一发现的侏罗纪鸟类，其化石均产自德国索伦霍芬地区晚侏罗世（钦莫利期—提塘期）（Rauhut et al., 2019）。迄今已报道的始祖鸟类包括 1 根羽毛化石，13 件骨骼化石（Kundrát et al., 2019）。围绕这些化石的分类尚未确定，或认为它们均属于 *Archaeopteryx lithographica* 一个种，只是代表了不同的个体发育阶段，抑或认为其代表了不止一个属种，甚至认为其中的个别化石不属于始祖鸟类（Wellnhofer, 2010；Foth et Rauhut, 2017）。因此关于上述始祖鸟类化石多以发现的先后顺序指代，如"始祖鸟第一骨架"（first skeletal specimen），或者以化石的存放地点指代，如"伦敦标本"（London specimen）、"柏林标本"（Berlin specimen）。这也从侧面反映了分类的混乱。始祖鸟长期被视为"缺失的一环"（missing link），也是 Ostrom 复兴鸟类的恐龙起源假说的重要依据之一。始祖鸟是鸟类和爬行动物特征的嵌合体。始祖鸟的肩带和前肢已经具有了鸟类的特征，如具有 U 形的叉骨，前肢附着不对称的飞羽。但始祖鸟总体上更类似小型兽脚类恐龙，如上、下颌具齿，前肢短于后肢，手指不退化且都具爪，近方形的乌喙骨，多数骨骼不愈合，尾骨有超过 20 个自由尾椎等。

白垩纪是鸟类演化历史中发生第一次大规模辐射演化的时期，这一时期的化石在各大洲均有发现（Wang et Zhou, 2017a）。这些化石填补了始祖鸟和现代鸟类之间巨大的形态鸿沟。白垩纪最早的鸟类化石记录发现于我国河北丰宁四岔口盆地的花吉营组，距今约 1.31 亿年，但这一时期已经出现了许多进步类群，而系统发育位置更靠近基部的属种（如热河鸟、会鸟）却未发现，说明至少有两千多万年的化石空白。白垩纪的鸟类化石揭示了许多鸟类的骨骼和生物学特征的漫长演化历史。如鸟类的牙齿在不同中生代鸟类支系中发生了多次独立且方式不同的退化，这一问题目前还没有能被广泛接受的解释，但从侧面说明牙齿在取食中发挥的作用显著弱化。中生代多数鸟类的前肢长度超过后肢，与飞行相适应的骨骼结构特征大量出现，如宽大的三角肌脊，胸骨的龙骨突，支柱状的加长的乌喙骨，三骨孔出现，骨骼愈合程度增加（腕掌骨、胫跗骨、尾综骨等）。羽毛的结构也与现代鸟类非常相似，表明适应飞行在鸟类演化初期是重要的选择压力。中生代鸟类生态习性发生分异，除了树栖性、地栖性外，还出现了以鱼鸟（*Ichthyornis*）和黄昏鸟（*Hesperornis*）为代表适应于水下生活的鸟类。

保存软组织结构的化石也将鸟类重要生物学特征出现的历史提早到白垩纪。在早白垩世热河生物群发现的热河鸟类、孔子鸟类和反鸟类，保存了卵泡印痕且其均位于身体一侧（Zheng et al., 2013）。现代多数鸟类仅身体一侧的输卵管和卵巢具有生殖功能，说明这一生殖系统特征至少在早白垩世晚期已出现。保留了胃容物，特别是种子和胃石在多数早期鸟类中的出现，说明植食性在鸟类早期分异中发挥了作用。同时现代鸟类具有的主要消化系统结构和特征——包括食道在近端膨大成嗉囊，胃分化为腺胃和肌胃——也已经出现（Zhou et Zhang, 2006a；Zheng et al., 2011）。

白垩纪鸟类主要包括三个大的"类群"，分别是反鸟类（Enantiornithes）、今鸟型类（Ornithuromorpha）和更为原始的"基干鸟类"（图 8）。分支系统学的研究认为反鸟类和今鸟型类均为单系类群，构成姐妹群，所有现代鸟类均属于今鸟型类。"基干鸟类"并非一个真正的自然类群，而是一个并系类群，包括了始祖鸟类、热河鸟类、孔子鸟类、巾帼鸟类和会鸟类等最早从鸟类支系的"根部"分离出的种属。所有的"基干鸟类"和反鸟类均在白垩纪末期的生物大灭绝事件中绝灭，仅有部分今鸟型类残存，并在古近纪早期迅速辐射演化。

四、鸟类的定义、系统发育和分类

鸟类——Aves 一词，来源于拉丁文 avēs。最早关于鸟类分类的工作是 Willughby 和 Ray 在 1676 年《Ornithologiae》中提出。林奈在 1758 年提出鸟纲一词，包括所有现代鸟类。现今系统发育系统学的研究将鸟类归入到兽脚类恐龙当中。

Gauthier 和 Queiroz 在 2001 年对 Aves 的定义提出了四种不同的定义方式：①是指

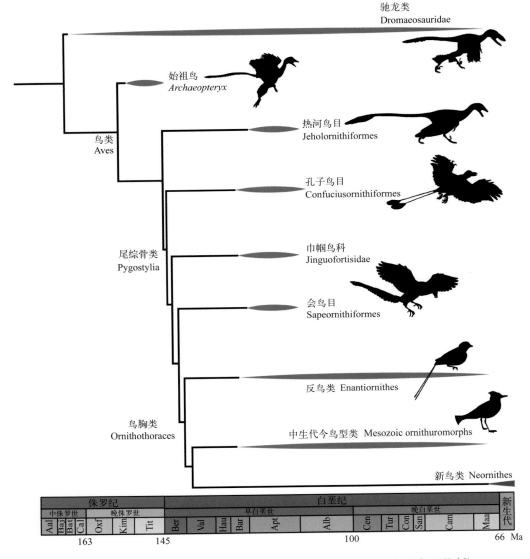

图 8 中生代鸟类系统发育关系简图（根据 Wang et al., 2018, Fig. 3 加工绘制）

相较于鳄鱼而和现代鸟类关系更近的所有主龙类；②是指所有具有羽毛的进步主龙类；③是指具有飞行能力的所有带羽毛的恐龙；④是指所有现代鸟类的最近共同祖先和其全部后裔构成的一个类群（Gauthier et Queiroz, 2001）。按分支系统学的概念来衡量，上述第一个定义是基于支干（stem-based）的定义方式，但是该定义包括了许多介于鳄类和鸟类之间的类群，如翼龙和非鸟类恐龙，据新近的分支系统学研究，该定义指的是鸟蹠类（Avemetatarsalia）。第二和第三个定义均是基于衍征（apomorphy-based）的定义方式。已有的化石和研究均表明羽毛并非鸟类独有，而一些兽脚类恐龙也具有飞行能力。基于衍征的定义方式虽然表达直观，但却易受新发现的挑战而需要不断修正，在新近的分支系统学中已不再广泛使用。第四个定义方式是基于节点（node-based）的定义方式，该定义仅包括所有现代鸟类，即鸟类的冠群（crown group），并不包含大量化石鸟类。依据新近的分支系统观点，这一限于冠群的定义指代的是新鸟类（Neornithes）。Padian 和 Chiappe（1998）基于节点的方式将 Aves 定义为"由始祖鸟和所有现代鸟类最近的共同祖先及其全部后裔构成的一个单系类群"。这一观点目前得到较为广泛的认可。

与 Aves 相关的另一术语——Avialae（鸟翼类）一词由 Gauthier 在 1986 年提出，定义为"由今鸟类（Ornithurae）和相较于恐爪龙类而与今鸟类关系更近的所有已灭绝的手盗龙类共同构成的一个单系类群"，这是一个基于支干的分支系统学定义方式。该术语虽被较多提及，但是指代内容在不同学者中有变化，如将 Avialae 视为基于节点的定义，用于指代始祖鸟和更为进步的鸟类构成的一个单元。或者在其中增加了基于某些衍征的定义。2001 年，Gauthier 和 Queiroz 将 Avialae 修订为"具有和现代鸟类（如安第斯神鹰）翅膀同源结构的且用于飞行的泛鸟类（panavian）"，是基于衍征的分支系统学定义。在新近的系统发育研究中，更多的学者倾向于基于支干的方式来定义 Avialae，如 Xu 等（2014）将 Avialae 与 birds 一词等同，将其定义为"包括家麻雀（*Passer domesticus*），但不包括美丽伤齿龙（*Troodon formosus*）或艾伯塔驰龙（*Dromaeosaurus albertensis*）的最广义单系类群"。虽然目前有关鸟翼类定义的表述在一些研究中有差异（主要是指代的标定属种不同），但是 Avialae 具体的内容已有共识。由于定义方式的不同，Aves 和 Avialae 在严格意义上来说不能等同，因为后者包括了介于始祖鸟和恐爪龙类之间的过渡物种（图 9）。但就目前而言，两个术语实际包含的内容是相同的，因此有学者建议不再使用 Avialae，而统一使用 Aves。本书若未加说明，则视 Aves 与 birds 一词相同，均翻译为鸟类，不再使用 Avialae 一词。

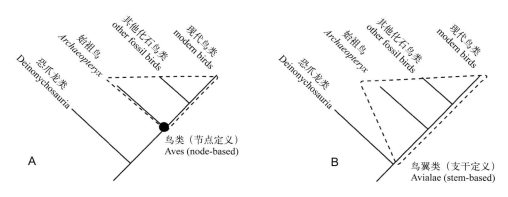

图 9　鸟类（Aves）和鸟翼类（Avialae）的分支系统学定义
A. Aves 基于节点的定义；B. Avialae 基于支干的定义

由于绝大多数中生代鸟类在白垩纪末期灭绝，所有的现代鸟类均是从今鸟型类（Ornithuromorpha）演化而来，因此，有关鸟类的系统发育和分类将按中生代和新生代分别阐述。

中生代鸟类主要包括三个"类群"：反鸟类（Enantiornithes）、今鸟型类（Ornithuromorpha）和更为原始的其他鸟类（现统称为"基干鸟类"，属于并系类群）。依据新近的分支系统学的研究，反鸟类和今鸟型类均为单系类群，构成姐妹群，称之为鸟胸类（Ornithothoraces）。

"基干鸟类"包括所有系统发育位置介于非鸟类兽脚类恐龙和鸟胸类之间的鸟类。化石地理分布狭窄，仅见于欧洲和东亚地区。时代分布有限，主要是晚侏罗世和早白垩世晚期。现今已知的代表包括：始祖鸟类（archaeopterygids）、热河鸟类（jeholornithiforms）、孔子鸟类（confuciusornithiforms）、巾帼鸟类（jinguofortisids）、会鸟类（sapeornithiforms）。其中始祖鸟类和热河鸟类在分支系统树上处于最基干的位置，也是已知唯一具有典型爬行类动物长尾骨（超过 20 节自由尾椎，不发育尾综骨）的鸟类。孔子鸟类、巾帼鸟类和会鸟类均具有愈合的尾综骨，在分支系统树上这些类群和鸟胸类构成一个单系，称为尾综骨类（Pygostylia）。除尾部以外，上述原始的尾综骨类在其他身体部位出现了更多接近进步鸟类的特征，如手指发生退化（如小手指指节数目减少到两个），骨骼愈合程度增加（如胫跗骨等）。

鸟胸类——Ornithothoraces 一词源于 Ornithopectae，由 Chiappe（1991）提出，意指"由发现于西班牙早白垩世 Las Hoyas 地区的鸟类和所有现代鸟类最近的共同祖先及全部后裔构成的类群"（Chiappe, 1991）。该处提到的 Las Hoyas 地区的鸟类是 1992 年正式命名的反鸟类 *Iberomesornis romerali*。Sereno（1998）以节点的定义方式将鸟胸类的含义修改为"所有现生鸟类和三塔中国鸟（*Sinornis santensis*）最近共同祖先及全部后裔构成的一个类群"（Sereno, 1998）。鸟胸类是白垩纪最繁盛的类群，其化石在主要大洲均有发现，最早的化石记录发现于中国河北早白垩世晚期，最晚可到白垩纪末期。鸟胸类由反鸟类和今鸟型类构成。

反鸟类——Enantiornithes 一词是由 C. A. Walker 在 1981 年提出，意指"与现代鸟类相反的乌喙骨 - 肩胛骨关节方式的一类中生代鸟类"，并将其作为一个亚纲，置于鸟纲之下（Walker, 1981）。在这一时期，鸟类作为林奈系统下纲一级的分类阶元，还包括古鸟亚纲（Archaeornithes）、齿鸟亚纲（Odontornithes）和新鸟亚纲（Neornithes）。Walker（1981）将反鸟亚纲在支序图上置于古鸟亚纲之后，作为齿鸟亚纲和新鸟亚纲的外类群（图 10A）。新近的系统发育分析已不再使用古鸟亚纲和齿鸟亚纲，因为二者均不是单系类群。与之类似，Haeckel 提出过蜥鸟亚纲（Sauriurae）一词，蜥鸟亚纲和新鸟亚纲组成了鸟纲，蜥鸟亚纲包括始祖鸟类，这一分类是为了强调始祖鸟不同于现代鸟类的长尾骨。Martin 在 1987 年将反鸟类（如 *Gobipteryx*、*Alexornis*）归入蜥鸟亚纲（Martin, 1987；图 10C）。Hou 等（1995, 1996）将孔子鸟归入蜥鸟亚纲，提出孔子鸟类和反鸟类为姐妹群，而与始祖鸟构成蜥鸟亚纲（Hou et al., 1995；Hou et al., 1996；图 10B）。随着分支系统学的广泛应用，认为蜥鸟亚纲并非单系类群，这一名称已不再使用。

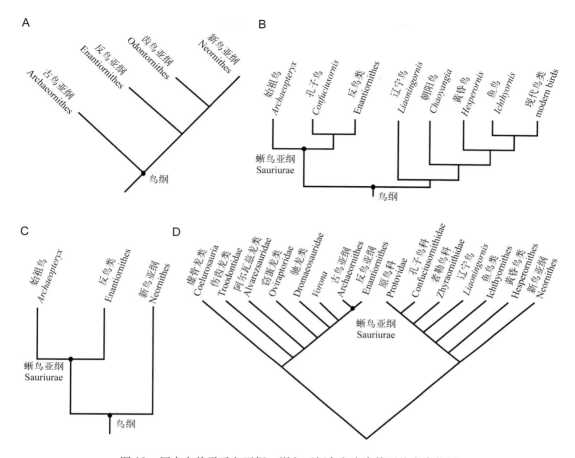

图 10　历史上关于反鸟亚纲、蜥鸟亚纲在鸟类中的系统发育位置

A. Walker（1981）提出；B. Hou 等（1996）提出；C. Martin（1987）提出；D. Kurochkin（2006）提出

今鸟型类——Ornithuromorpha 一词由 Chiappe（2002a）提出，将其定义为"今鸟类（Ornithurae）和 *Patagopteryx* 最近的共同祖先及全部后裔构成的一个类群"（Chiappe，2002a）。这一术语是基于节点的定义。随着新化石和分支系统学的研究，特别是系统发育位置较 *Patagopteryx* 更靠近基部的今鸟型类化石的发现，使得上述原始定义并不能包括所有今鸟型类，这也是基于节点定义通常遇到的问题。大量的支序系统学的研究都支持今鸟型类和反鸟类构成姐妹群，所以基于支干定义的方式能较好的规避上述问题，且能够包括所有已发现的属种，如将今鸟型类的定义修改为"包括家麻雀，但不包括反鸟类丰宁原羽鸟（*Protopteryx fengningensis*）的一个最广义的单系类群"（图 11）（王敏，2014）。

今鸟类——Ornithurae 一词由 Haeckel（1866）提出，起初指代具有与现代鸟类相同的尾部结构（包括一系列骨骼和羽毛的特征）的鸟类，用于区别始祖鸟类（Haeckel，1866）。所以 Ornithurae 又被翻译为扇尾鸟类。此后随着一些系统发育位置介于始祖鸟和现代鸟类之间的属种相继发现，今鸟类的内涵不断被修订。如 Martin 等（1983）提出

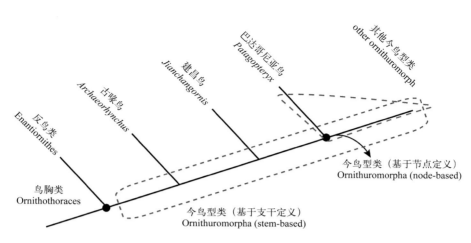

图 11　基于支干和节点方式定义的今鸟型类（Ornithuromorpha）在系统树上的含义

今鸟类由黄昏鸟类、鱼鸟类和现代鸟类构成（Martin et al., 1983）；Gauthier 和 Queiroz（2001）基于衍征定义的方法，将今鸟类定义为"具有现生鸟类尾部结构的所有副鸟类"，并详细列举了现生鸟类尾部结构的重要特征；Clarke 和 Norell（2002）基于节点定义的方法认为今鸟类是"现生鸟类和 *Apsaravis* 的最近共同祖先及全部后裔所构成的一个单系类群"（Clarke et Norell, 2002）。在多数文献中，学者使用 Ornithuromorpha 来指代中生代的今鸟（型）类化石，而支系图上多将"Ornithurae"标注在由黄昏鸟、鱼鸟和更靠近冠群的鸟类所构成的分支节点上。

新鸟类——Neornithes 一词由 Gadow（1893）提出，用于取代 Haeckel 提出的"Ornithurae"。Gadow 将黄昏鸟和鱼鸟归入到 Neornithes，因为他认为黄昏鸟和鱼鸟与鸻形目和潜鸟目关系密切，属于冠群（Gadow, 1893）。可见 Neornithes 命名之初指代的是鸟类的冠群，与 Ornithurae 含义不同，而这一含义目前被广泛接受。

有关新鸟类（Neornithes），即鸟类冠群的分类，依据颚部骨骼可分为新颚类和古颚类两个大的支系。新颚类内部的系统发育关系长期以来争议不断，特别是科级及以下分类阶元。近年来随着基因组学研究的开展，一些大的分类单元之间的系统发育关系变得稳定，代表性的工作包括 Hackett 等（2008）、Jarvis 等（2014）、Prum 等（2015）。依据这些全基因组测序的现生鸟类系统树，现生鸟类主要包括三个大的类群、两个大的分支，它们是古颚类（Palaeognathae）和新颚类。古颚类包括鸵鸟、鸸鹋、鹤鸵、鹬鸵等，以及灭绝的化石类群，如恐鸟、象鸟等。新颚类又分为鸡雁类（Galloanserae）和新鸟类（Neoaves）。鸡雁类主要包括鸡形目（Galliformes）和雁形目（Anseriformes）。新鸟类主要包括雨燕目（Apodiformes）、鸨形目（Otidiformes）、鹃形目（Cuculiformes）、鹤形目（Gruiformes）、水滨鸟类（Aequorlithornithes）、鹰形目（Accipitriformes）、佛法僧总目（Coraciimorphae）、鹦形目（Psittaciformes）、雀形目（Passeriformes）等。涉及的详细分类读者可参看原文，这里不再赘述。这些建立在全基因组基础上的系统树（Hackett et al., 2008；Jarvis et al., 2014；

Prum et al., 2015）对于讨论鸟类冠群的分异和时空演化非常重要，但是在冠群主要代表的出现时间上由于系统关系和有争议化石归属的不确定性，仍然分歧较大。

五、现生鸟类及其在中国的分布

全球目前已知的现生鸟类有一万余种，是多样性最丰富的陆生脊椎动物。除了古颚类外，其余两大类在我国均有出现。据 2017 年出版的《中国鸟类分类与分布名录》（第三版），共计有 26 目 109 科 497 属 1445 种在我国分布，占全世界鸟类种数的十分之一左右，其中包括我国特有的鸟类 93 种（郑光美，2017），主要为鸡形目以及雀类。由于特殊的地理位置，我国拥有东洋界和古北界两大动物地理区系，多样的生态环境为鸟类的栖息和繁衍提供了优越的条件，另外我国的秦岭、青藏高原以及横断山区都是鸟类分异度很高的地区。

鸡雁类：包括鸡形目和雁形目。鸡形目共计有 1 科 28 属 64 种，分布范围广大，北至黑龙江，南至海南。雁形目共计 1 科 23 属 54 种，各省份均有。中国鸡形目数量众多，比较知名的特有种包括黄腹角雉、褐马鸡、蓝鹇，占到整个鸡形目的近乎一半。

新鸟类：共计 107 科，其确切的分布范围可参考《中国鸟类分类与分布名录》（第三版）。

六、中国鸟类化石的地史及地理分布

1. 中国中生代鸟类

中国最早发现的中生代鸟类化石是 1982 年命名的玉门甘肃鸟（*Gansus yumenensis*），产自甘肃玉门早白垩世的下沟组。近 20 年来，在中国发现了上千件、近 60 个属种的中生代鸟类化石，其中多数产自冀北、辽西地区的早白垩世热河生物群。

中生代最重要的鸟类化石群——早白垩世热河生物群，产出的化石涵盖中生代鸟类主要类群，包括系统发育位置仅较始祖鸟进步的热河鸟类，以孔子鸟类和会鸟类为代表的最原始的尾综骨鸟类，以及进步的反鸟类和今鸟型类（Zhou et Wang, 2010; Wang et Zhou, 2017a）。热河生物群脊椎动物化石主要产自三个层位，由老至新依次是河北四岔口盆地的花吉营组（距今约 1.31 亿年）、辽西及周边地区的义县组（距今约 1.25 亿年）和九佛堂组（距今约 1.20 亿年）。花吉营组鸟类化石目前命名的仅有 5 个属种，分别是郑氏始孔子鸟（*Eoconfuciusornis zhengi*）、丰宁原羽鸟（*Protopteryx fengningensis*）、马氏始鹏鸟（*Eopengornis martini*）、多齿胫羽鸟（*Cruralispennia multidonta*）和弥曼始今鸟（*Archaeornithura meemannae*）（图 12）。相比花吉营组，义县组和九佛堂组鸟类化石无论

图 12　花吉营组发现的鸟类

A. 郑氏始孔子鸟（*Eoconfuciusornis zhengi*）；B. 多齿胫羽鸟（*Cruralispennia multidonta*）；C. 马氏始鹏鸟（*Eopengornis martini*）；D. 弥曼始今鸟（*Archaeornithura meemannae*）

是属种数目还是化石所代表的个体数目都显著增多（至少 50 个属种被报道）。义县组和九佛堂组鸟类化石组成以反鸟类属种最多，今鸟型类次之。

热河生物群的鸟类在个体大小和生态上已经显示出多样性，反鸟类总体上较其他类群个体偏小，但也有以鹏鸟类和渤海鸟类为代表的个体偏大的类群。反鸟类的后肢，包括脚趾趾节比例和弯曲的爪节，显示出适应树栖。今鸟型类的胫跗骨在后肢比例中占比较大，脚趾趾节多显示出向远端变短的趋势，爪节弯曲度低，显示地栖习性，个别类群有可能主要生活在湖边。

热河生物群的鸟类在食性上也显示出多样性，在热河鸟类、会鸟类、今鸟型类代表中发现的胃石结构以及残留的种子，指示植食性。以燕鸟和食鱼鸟为代表的今鸟型类，保存有鱼类骨骼，显示以鱼类为食。在会鸟和红山鸟标本中发现的嗉囊结构，以及在食鱼反鸟标本中发现的食团结构，说明这一时期鸟类的消化系统与现代鸟类已经非常近似。

产自热河生物群一件罕见的反鸟类胚胎化石，显示出反鸟类在个体发育上为早熟型。保存了卵泡化石的热河鸟类、孔子鸟类和反鸟类，其长骨的骨组织结构显示出未成年，说明这些鸟类的性成熟早于骨骼成熟，这样的个体发育模式与多数现代鸟类相反。

热河生物群无论是在化石的数目、属种多样性，还是骨骼保存的完整程度方面，都是其他中生代鸟类化石点难以比拟的，成为了研究早期鸟类演化最重要的地点。

甘肃昌马盆地是热河生物群之外，我国另一个中生代鸟类的主要化石点。昌马盆地的鸟类化石均产自早白垩世的下沟组，其时代与热河生物群的义县组相当（Wang Y. M. et al., 2013）。昌马盆地鸟类化石已命名的有 7 个属种，分别是今鸟型类的玉门甘肃鸟、黄氏玉门鸟（Yumenornis huangi）、侯氏昌马鸟（Changmaornis houi）和牛氏酒泉鸟（Jiuquanornis niui），以及反鸟类的天堂飞天鸟（Feitianius paradisi）、崔氏敦煌鸟（Dunhuangia cuii）和施氏慈母鸟（Avimaia schweitzerae）。甘肃鸟后肢具有典型的生活在滨湖环境的特征，包括高耸的胫骨脊，第 II–IV 蹠骨滑车的相对位置，加长的第 III 和第 IV 脚趾，脚趾周围保存有疑似脚蹼的痕迹以及鳞片似的结构，表明甘肃鸟可能为半水生的鸟类（You et al., 2006）。天堂飞天鸟具有复杂的尾羽形态，进一步说明在反鸟类演化早期，性展示在尾羽形态演化中扮演着重要角色（O'Connor et al., 2015）。施氏慈母鸟正型化石在腹腔保存有尚未排出体外的蛋壳，同时在股骨髓腔内保存有髓质骨，类似记录生殖阶段的中生代鸟类化石较为罕见（Bailleul et al., 2019）。

除上述热河生物群和甘肃昌马盆地外，我国其他地方的中生代鸟类化石仅有零星报道。1994 年，侯连海报道了发现于内蒙古鄂托克旗查布苏木地区早白垩世伊金霍洛组的一反鸟类，命名为成吉思汗鄂托克鸟（Otogornis genghisi）（侯连海，1994b）。2008 年和 2010 年，两件反鸟类不完整骨架相继发现于查布苏木早白垩世的泾川组，均被归入到华夏鸟属，命名为查布华夏鸟（Cathayornis chabuensis）（Li J. J. et al., 2008；Zhang et al., 2010）。然而"查布华夏鸟"建种依据的鉴定特征有误，形态特征明显区别于华夏鸟属的属型种，因此其确切的分类位置存疑。2014 年在云南省楚雄彝族自治州罗苴美村，晚白垩世的江底河组发现了一个较完整的反鸟类骨架，被命名为楚雄微鸟（*Parvavis chuxiongensis*）（Wang et al., 2014c），这是在中国晚白垩世地层中发现的第一件鸟类标本，同时也是在中国南方地区发现的第一件中生代鸟类标本。

2. 中国新生代鸟类

新生代鸟类的演化分别从古近纪和新近纪两个阶段来概括。古近纪（65.5–23.8 Ma）是现代鸟类辐射演化的初始阶段，中国古近纪的鸟类记录比较分散，主要化石地点零散地分布于安徽、湖北、广东和内蒙古等地。这个时期所发现的鸟类化石一般很难直接归于冠类群的科或属一级中。早先报道的化石大类主要是始鹤、始鹳、明港鹮（朱鹭类）等涉禽，以及属于冠恐鸟类的中原鸟（加斯东鸟）。鉴于这些化石多很破碎，有的种属仅仅由一个长骨的末端所代表，虽然显示出原始的特征，但是在分类关系和系统位置上大多存在疑问，有待进一步的厘定。近年来产自古近纪的比较重要的鸟类化石多发现自湖相沉积的页岩中，地点包括含有古新世化石层的安徽潜山盆地，以及始新世的广东三水盆地和湖北松滋盆地等。这些鸟类化石多具有关联的骨骼，有的还包括了近乎完整的个体，代表种属如松滋鸟、三水鸟、佛山鸟和潜山鸟等（Wang et al., 2012a, b；Zhao et al., 2015）。

与同期的欧洲梅塞尔页岩中和北美绿河组发现的化石相比，我国古近纪的鸟类在数量和类群上都显得稀少很多，更多的化石记录有待发现。在渐新世 / 中新世的过渡时期，鸟类的化石记录似乎存在着一个间断期，也就是在渐新世到早中新世记录上鸟类化石的缺失。直到中新世的中期，我国的鸟类化石记录才逐渐恢复，而与现代鸟类比较确切的直接近缘种属也出现在这个时期。中晚新生代鸟类化石的主要地点包括中中新世的江苏泗洪、山东山旺，以及晚中新世的甘肃临夏盆地和云南禄丰的元谋盆地。20 世纪 80 年代发现的江苏泗洪下草湾组的鸟类化石为零散的骨骼，代表的种属有鹭类、琵鹭、石鸡以及原始的鹰类化石；山东山旺组的硅藻泥代表一种沼泽相的特异埋藏，产出了多个完整的具有明显现代鸟类特征的骨架，包括中华河鸭、临朐鸟、山东鸟、杨氏鸟等。由于这些报道大多比较简单，在现代鸟类中的确切分类位置需要进一步的厘定。比山旺组和泗洪的下草湾组时代更近的甘肃临夏盆地柳树组细粒的黏土层中，近年来也有大量鸟类化石的发现，已经报道的种属包括临夏鸵鸟、秃鹫类、胡兀鹫类、雉鸡类、沙鸡以及隼类等。与山旺组的沼泽相沉积不同，临夏盆地中的鸟类化石多为立体保存（Li et al., 2014b, 2016, 2018），属于泛滥平原条件下快速埋藏沉积。晚中新世的柳树组鸟类化石与三趾马红黏土沉积同层，其中所发现的鸟化石大多存在关联骨骼以及轻微扰动，其中特别完整的个体在新生代鸟类的记录里较为罕见。

七、中国鸟类化石的研究历史

1. 早期发现时期（19 世纪末—20 世纪 60 年代）

最早研究中国鸟类化石的是外国学者，而且是从新生代鸟类化石的发现和研究开始的。1895 年 C. R. Eastman 描述了中国北方发现的鸵鸟化石。20 世纪二三十年代，Andersson、Schlosser、Bohlin、Lowe 等在调查中国北方新生代地层的时候又报道了一些新的鸟类化石。这些化石年代都比较新，包括 10 种内蒙古上新世的化石（Schlosser, 1924），9 种产自内蒙古更新世的化石（Boule et al., 1928），以及我国北方地区的鸵鸟化石和多种周口店、泥河湾等地的更新世鸟类化石（Lowe, 1931）。Wetmore（1934）还记述了内蒙古始新世原始的鹤类和秧鸡的早期化石。

杨钟健是国内第一个研究中国鸟类化石的学者。他在 1932 年报道了周口店北京猿人遗址发现的一件更新世鹰的化石（*Aquila heliaca heliaca*）（Young, 1932）。随后，他还研究了同一地区的鸵鸟蛋化石标本，同时他还发现并总结了中国北方黄土以及红黏土堆积中鸵鸟蛋壳化石的广泛存在（Young, 1933；Young et Sun, 1960）。

总之，19 世纪末至 20 世纪 60 年代这一时期，中国鸟类化石发现比较零星，相关研究也很少。

2. 初步发展阶段（20 世纪 70 年代—90 年代）

自 20 世纪 70 年代开始，中国古鸟类的研究有了初步的发展。无论是化石的发现还是室内研究工作，首先取得突破的还是从新生代化石开始的。侯连海、叶祥奎等首先对山东山旺中新世鸟类化石进行了研究（叶祥奎，1977, 1980, 1981；叶祥奎、孙博，1984, 1989；侯连海等，2000）。周口店更新世遗址以及其他考古遗址鸟类化石的研究也开始取得比较大的进展（侯连海，1982b, 1985b, 1993）。此外，江苏泗洪（侯连海，1984, 1987）、云南禄丰等地发现了中新世的鸟类化石（侯连海，1985a）；河南（侯连海，1980, 1982a）、新疆（侯连海，1989）、湖北等地陆续有始新世鸟类化石的发现（侯连海，1990）。新的突破是陕西（薛祥煦，1992[①]）、安徽（侯连海，1994a）等地古新世地层中也发现了鸟类化石。

中国第一件中生代鸟类化石发现于 1981 年，由中国科学院和甘肃省地矿局组成的考察队在甘肃昌马盆地发现，标本号为 IVPP V 6862。该化石由侯连海和刘志成在 1984 年 10 月出版的《中国科学》B 辑正式报道（Hou et Liu, 1984），命名为玉门甘肃鸟，引起了

[①] 薛祥煦（Xue X X）. 1992. 古新世鸟类——古新秦鸟（新属、新种）*Qinornis paleocenica* gen. et sp. nov. 在中国的发现. 古脊椎动物与地层论文摘要集. 西北大学地质系. 3-4

国内外的广泛关注。

3. 快速发展时期（20世纪90年代至今）

20世纪90年代开始，中国鸟类化石的研究快速发展，其中很大程度与热河生物群的发现有关。

1988年辽西地区群众发现了鸟化石之后，许多古生物研究单位都至该地采集化石。1992年Sereno和饶成刚，根据1988年群众发现的材料，在《科学》上发表了三塔中国鸟（*Sinornis santensis*）新属新种（Sereno et Rao, 1992），同年周忠和、金帆和张江永根据他们1990年采集的化石在《科学通报》上发表了燕都华夏鸟（*Cathayornis yandica*）新属新种（Zhou et al., 1992）。此后众多的鸟类新材料陆续发表。代表性的材料包括侯连海、周忠和、顾玉才、张和1995年在《科学通报》上发表的圣贤孔子鸟（*Confuciusornis sanctus*）（Hou et al., 1995）。圣贤孔子鸟是当时已知最古老的具有角质喙的中生代鸟类。迄今，孔子鸟类的代表化石多达上千件，是热河生物群数目最多的一个类群。2002年，周忠和和张福成在《自然》上发表了原始热河鸟（*Jeholornis prima*），热河鸟类是除始祖鸟外唯一具有长尾骨的鸟类（Zhou et Zhang, 2002a），在系统发育树上仅较后者进步。热河生物群独特的埋藏环境，不仅产出了大量几乎完整的鸟类骨架，还保存了羽毛、皮肤、通常难以保存为化石的软组织结构以及罕见的胃容物等，为复原早期鸟类的羽毛、飞行能力、生态习性等提供了大量依据，填补了恐龙、始祖鸟和现代鸟类在骨骼形态和主要生物学结构上的巨大鸿沟。

尤海鲁等在甘肃玉门发现了大量甘肃鸟的较完整的材料以及一批新发现的反鸟类的化石，进一步确定了甘肃鸟具有潜水的适应特征，极大地丰富了早白垩世晚期鸟类类群的组合特点（You et al., 2006；Wang Y. M. et al., 2013, 2015a；Wang M. et al., 2015a；Bailleul et al., 2019；O'Connor et al., 2015）。

20世纪90年代以来，新生代鸟类化石的研究主要集中在甘肃的临夏盆地，2005年侯连海等报道了中新世晚期的柳树组的临夏鸵鸟。由于对和政古生物化石的持续性关注，更多的鸟类相继报道，包括甘肃鹫、近须兀鹫、和政隼和盘绕雉等（Zhang Z. H. et al., 2010；Li et al., 2014a, 2016, 2018）。这些与三趾马同层位的化石多保存于细颗粒的红色或黄色黏土层中，保存较为完整，经受扰动小，在新生代的鸟类化石记录里并不多见。和政地区鸟类化石面貌整体上类似于非洲稀树草原型的鸟类生态，它的发现进一步丰富了对我国西北地区从晚中新世以来的环境变化的认识。

第二部分　中生代鸟类

鸟纲　Class AVES Linnaeus, 1758

热河鸟目　Order JEHOLORNITHIFORMES Zhou et Zhang, 2006

概述　Zhou 和 Zhang（2006a）首次提出"热河鸟目"，其最早的成员原始热河鸟（*Jeholornis prima*）由 Zhou 和 Zhang（2002a）命名。之后与原始热河鸟形态相似的 3 个属 4 个种被相继报道，而其中部分属种的有效性存有争议。Zhou 和 Zhang（2006a）认为中华神州鸟（*Shenzhouraptor sinensis*）和东方吉祥鸟（*Jixiangornis orientalis*）属于原始热河鸟的同物异名。本书同意此观点，认为目前热河鸟目只包括 1 属 3 种，分别为原始热河鸟、棕尾热河鸟（*Jeholornis palmapenis*）和弯足热河鸟（*Jeholornis curvipes*）。上述热河鸟目化石均产自辽西地区下白垩统义县组和九佛堂组。热河鸟目是目前已知唯一具有长尾骨，即不具有愈合尾综骨的白垩纪鸟类，其自由尾椎的数目多达 27 节。近期的系统发育研究认为热河鸟目是仅次于始祖鸟的最原始鸟类。

定义与分类　热河鸟目是包括原始热河鸟，但不包括圣贤孔子鸟（*Confuciusornis sanctus*）和朝阳会鸟（*Sapeornis chaoyangensis*）的最广义类群。热河鸟目最早的成员是发现于我国辽宁朝阳下白垩统的原始热河鸟。

形态特征　前上颌骨无齿；牙齿小，呈锥形；下颌粗壮，具有齿骨联合；自由尾椎 27 节，其中位于转换点之后的有 20–22 节；耻骨仅略微向身体后侧偏转；第一脚趾向后内侧偏转。

分布与时代　中国，早白垩世。

热河鸟科　Family Jeholornithidae Zhou et Zhang, 2006

模式属　热河鸟属 *Jeholornis* Zhou et Zhang, 2002

定义与分类　热河鸟科是一个包括热河鸟属，但不包括郑氏始孔子鸟（*Eoconfuciusornis zhengi*）和朝阳会鸟（*Sapeornis chaoyangensis*）的最广义类群。目前仅包括一个属。

鉴别特征　同目。

中国已知属　仅模式属。

分布与时代　辽宁，早白垩世。

评注　Zhou 和 Zhang（2006a）命名热河鸟科时未指定模式属。由于"神州鸟属"和"吉祥鸟属"被多数研究者认为系无效命名，因此热河鸟科目前仅包括热河鸟属，所以此处指定热河鸟属为模式属。

热河鸟属 Genus *Jeholornis* Zhou et Zhang, 2002

模式种　原始热河鸟 *Jeholornis prima* Zhou et Zhang, 2002

鉴别特征　同科。

中国已知种　原始热河鸟 *Jeholornis prima* Zhou et Zhang, 2002，棕尾热河鸟 *Jeholornis palmapenis* O'Connor, Sun, Xu, Wang et Zhou, 2011，弯足热河鸟 *Jeholornis curvipes* Lefèvre, Hu, Escuillié, Dyke et Godefroit, 2014。共 3 种。

分布与时代　辽宁，早白垩世。

原始热河鸟 *Jeholornis prima* Zhou et Zhang, 2002

（图 13）

Shenzhouraptor sinensis：季强等，2002a，367，368 页，图版 1，2

Jixiangornis orientalis：季强等，2002b，726 页，图版 1

正模　IVPP V 13274，一具近完整的骨架。产自辽宁朝阳，下白垩统九佛堂组；现存于中国科学院古脊椎动物与古人类研究所。

归入标本　IVPP V 13353，一具近完整的骨架，大部分骨骼呈关节状态保存；IVPP V 13350，一具不完整骨架，缺失前肢和肩带。均产自辽宁朝阳，下白垩统九佛堂组；现存于中国科学院古脊椎动物与古人类研究所。

鉴别特征　热河鸟属成员，具有如下特征组合：前上颌骨无齿；泪骨具有两个垂直排列的孔；下颌粗壮，具齿骨联合；小掌骨弯曲；小翼指第一指节长度约为第二指节长度的 2 倍；在尾椎的转换点之后有 20–22 节椎体；胸骨两侧具有一个侧支，该侧支上发育一孔；前、后肢长度比值约为 1.2。

词源　属名系化石产地热河省（承德地区及其附近省份的旧称）的中文音译，种名指示其具有原始的鸟类特征。

产地与层位　辽宁朝阳，下白垩统九佛堂组。

评注　季强等（2002a）根据一具近完整骨架 LPM 0193 命名了中华神州鸟

图 13　原始热河鸟 *Jeholornis prima* 正模（IVPP V 13274）

（*Shenzhouraptor sinensis*），该化石产自辽宁锦州，下白垩统九佛堂组；随后，季强等（2002b）将一件近完整骨架 CDPC-02-001 命名为东方吉祥鸟（*Jixiangornis orientalis*），该化石产自辽宁北票四合屯，下白垩统义县组。上述两种发表时间均晚于原始热河鸟的报道，而中华神州鸟和东方吉祥鸟与原始热河鸟无形态差异，之后的多数研究都认为中华神州鸟和东方吉祥鸟是原始热河鸟的同物异名（Zhou et Zhang, 2006a；Wang et al., 2014a）。

棕尾热河鸟 *Jeholornis palmapenis* O'Connor, Sun, Xu, Wang et Zhou, 2011
（图 14）

正模 SDM 20090109，一具不完整骨架，包括不完整的头骨、完整的脊柱、腰带和后肢。产于辽宁建昌九佛堂组；现存于山东博物馆。

鉴别特征 热河鸟属成员，具有下列特征组合：上颌骨具齿；胸椎椎体侧面具一对小孔，这对小孔在最后几节胸椎上相融合；髂骨背侧边缘强烈凸起；位于髋臼之后的髂骨腹侧边缘凹陷明显；坐骨向背侧弯曲；自由尾椎27节，其中位于转化点之前的有6节；人字骨（chevrons）长，前、后端均形成双分叉的结构。

产地与层位 辽宁建昌，下白垩统九佛堂组。

弯足热河鸟 *Jeholornis curvipes* Lefèvre, Hu, Escuillié, Dyke et Godefroit, 2014
（图 15）

正模 YFGP-yp 2，一具近完整的骨架。产于辽宁，下白垩统义县组；现存于辽宁古生物博物馆。

鉴别特征 热河鸟属成员，以如下特征区别于其他热河鸟属成员：左、右齿骨吻端不愈合；乌喙骨具上乌喙突，乌喙骨内侧边缘凹陷。

产地与层位 辽宁，下白垩统义县组。

评注 Lefèvre 等（2014）命名弯足热河鸟时，说明其正模化石存于"宜州化石地质公园"（Yizhou Fossil and Geology Park）。2017 年，弯足热河鸟的正模化石由法国归还中国，现存于辽宁古生物博物馆。Lefèvre 等（2014）建立弯足热河鸟时归纳的鉴定特征还包括：肱骨三角肌脊略微向前偏转；大掌骨与肱骨长度比值约为 0.58；小翼掌骨和大掌骨的长度比值约为 0.17；小翼指的第一指节与第二指节长度比值约为 0.29；胫骨远端后表面具有两个明显的髁；跗蹠骨的远端部分向外侧弯曲。其中有关掌骨和指节的长度比例与原始热河鸟的差异微小；而有关三角肌脊向前偏转难以在化石中观察到；在正模化石中，胫骨远端仅在右侧可观察，其后表面的中间部分破损，因此造成了其内、外侧

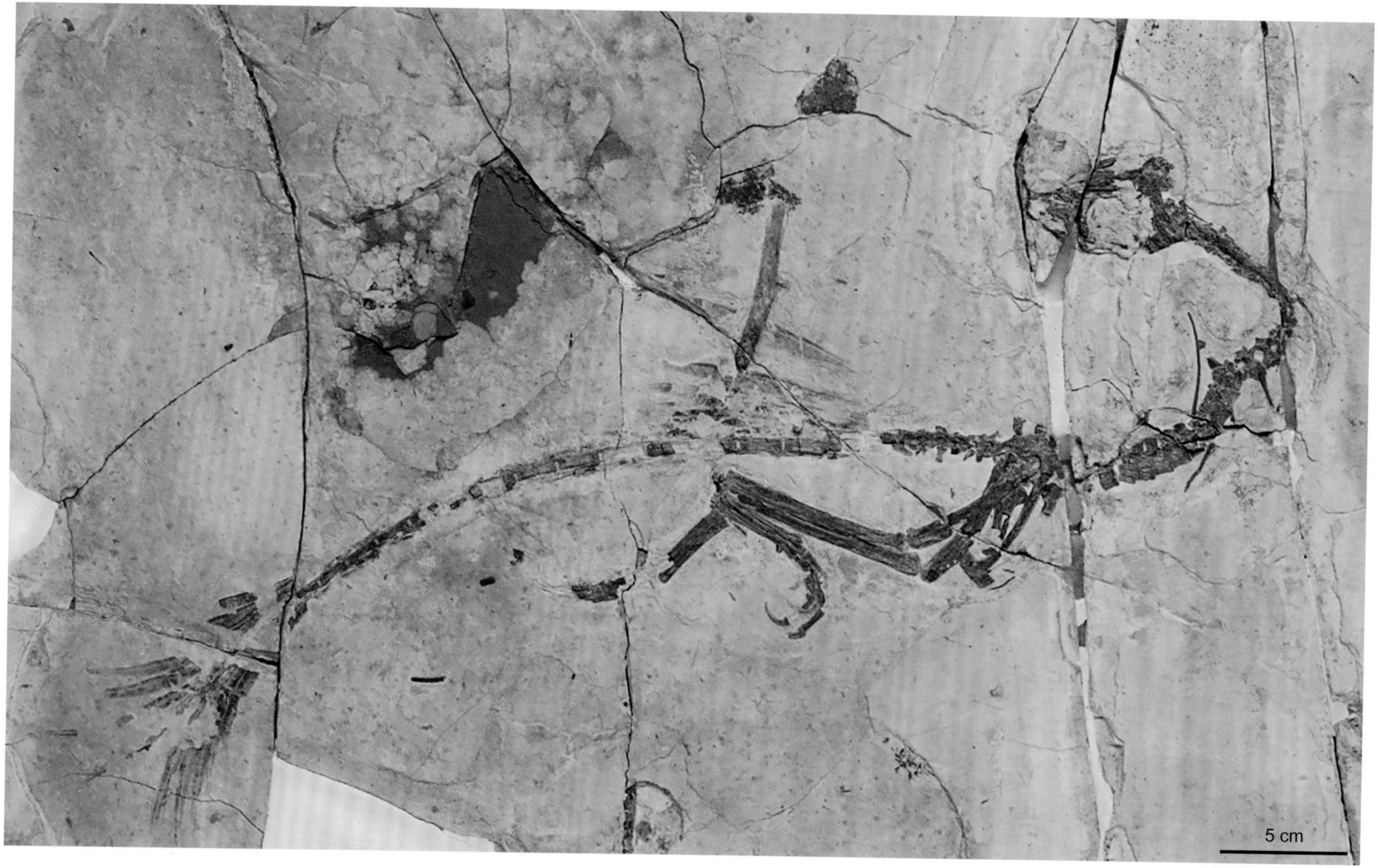

图 14 棕尾热河鸟 *Jeholornis palmapenis* 正模（SDM 20090109）

图 15　弯足热河鸟 *Jeholornis curvipes* 正模（YFGP-yp 2）（引自 Lefèvre et al., 2014）

边缘相对突出，形成所谓的"髁"；右侧跗蹠骨的远端部分明显的向外侧弯曲，但是该弯曲在左侧跗蹠骨缺失。右侧跗蹠骨的远端压覆在左侧跗蹠骨上，有可能造成了其向外侧弯曲的假象，因此上述特征不能作为弯足热河鸟的鉴定特征。

尾综骨类 PYGOSTYLIA Chiappe, 2002

孔子鸟目 Order CONFUCIUSORNITHIFORMES Hou, Zhou, Gu et Zhang, 1995

概述 Hou 等（1995）首次提出孔子鸟目。孔子鸟目是具有角质喙和尾综骨的最原始的鸟类类群之一，化石主要发现于辽宁西部早白垩世地层中，数目近千件，远超过其他中生代鸟类和非鸟类恐龙。

定义与分类 孔子鸟目是包括圣贤孔子鸟，但不包括朝阳会鸟（*Sapeornis chaoyangensis*）和家麻雀（*Passer domesticus*）的最广义类群。孔子鸟目已知最原始的成员是发现于我国河北丰宁四岔口花吉营组的郑氏始孔子鸟（*Eoconfuciusornis zhengi*）。

形态特征 孔子鸟目具有如下鉴别特征：上、下颌没有牙齿，具有角质喙；下颌具有两个窗孔；叉骨呈回旋镖状，不具有叉骨突；肩胛骨和乌喙骨相愈合；肱骨的三角肌脊前或后视时呈三角形；大手指爪节小于其他手指的爪节。

分布与时代 主要分布在中国，朝鲜有少量发现，早白垩世。

孔子鸟科 Family Confuciusornithidae Hou, Zhou, Gu et Zhang, 1995

模式属 孔子鸟属 *Confuciusornis* Hou, Zhou, Gu et Zhang, 1995

定义与分类 孔子鸟科是一个包含孔子鸟属（*Confuciusornis*），但不包含朝阳会鸟（*Sapeornis chaoyangensis*）和家麻雀（*Passer domesticus*）的最广义类群。Wang 等（2019）对孔子鸟目的分类厘定为：孔子鸟科目前包括 3 个属，即孔子鸟属（*Confuciusornis*）、始孔子鸟属（*Eoconfuciusornis*）和长城鸟属（*Changchengornis*）。

鉴别特征 孔子鸟目成员，具有如下特征组合：上、下颌无牙齿，但具有角质喙；下颌侧视时可见两个窗孔；叉骨呈回旋镖状但不具有叉骨突；肩胛骨和乌喙骨愈合成肩胛乌喙骨；肱骨的三角肌脊呈三角形，三角肌脊的后背缘突出；大手指爪节小于其他手指的爪节。

中国已知属 孔子鸟属 *Confuciusornis* Hou, Zhou, Gu et Zhang, 1995，长城鸟属 *Changchengornis* Chiappe, Ji, Ji et Norell, 1999，始孔子鸟属 *Eoconfuciusornis* Zhang, Zhou et Benton, 2008。共 3 属。

分布与时代 中国、朝鲜，早白垩世。

评注 Hou 等（1995）命名孔子鸟科时，仅包含孔子鸟属一个成员。Chiappe 等（1999）命名了长城鸟属（*Changchengornis*），将其归入孔子鸟科。侯连海等（2002）根据两件标本，分别命名了义县锦州鸟和张吉营锦州鸟，并据此建立了锦州鸟属（*Jinzhouornis*），归入到孔子鸟科。Zhang 等（2008）又命名了始孔子鸟属（*Eoconfuciusornis*），也将其归入孔子鸟科。Wang 等（2019）对义县锦州鸟和张吉营锦州鸟的再研究，认为这两个种均是圣贤孔子鸟（*Confuciusornis sanctus*）的同物异名，因此锦州鸟属（*Jinzhouornis*）为后出无效命名。

孔子鸟属 Genus *Confuciusornis* Hou, Zhou, Gu et Zhang, 1995

模式种 圣贤孔子鸟 *Confuciusornis sanctus* Hou, Zhou, Gu et Zhang, 1995

鉴别特征 上颌骨背突侧视时呈梯形，且不具有窗孔；齿骨腹缘近吻端处向腹侧凸起；上隅骨具三角状腹突；肱骨三角肌脊具卵圆状窗孔；大手指第二指节较第一指节短；胫跗骨背侧缘短且具一结节，可能与伸肌结节同源；第一脚趾短，长度不及第二脚趾的一半。

中国已知种 圣贤孔子鸟 *Confuciusornis sanctus* Hou, Zhou, Gu et Zhang, 1995，杜氏孔子鸟 *Confuciusornis dui* Hou, Martin, Zhou, Feduccia et Zhang, 1999。

分布与时代 辽宁，早白垩世。

评注 Hou 等（1995）命名孔子鸟属时，所列特征包括：①个体大小与始祖鸟艾希斯特标本（Eichsätt specimen of *Archaeopteryx*）相近；②上、下颌无齿，而具角质喙；③眼眶大，眶前孔小；④肱骨近端膨大，肱骨三角肌脊具一个窗孔；⑤腕骨和掌骨未愈合；⑥手指未退化，小手指爪节粗大；⑦坐骨粗壮且具有一个近端突起，坐骨末端略微膨大；⑧第五蹠骨发育；⑨脚趾爪节大而弯曲。Wang 等（2019）对孔子鸟目的分类厘定后认为，除第二个特征外，其他特征均不能用于孔子鸟属的鉴定特征，因为它们广泛出现在孔子鸟目或者其他中生代鸟类中。Wang 等（2019）重新修正了孔子鸟属的鉴定特征，本书将原文中的内容罗列如上。

圣贤孔子鸟 *Confuciusornis sanctus* Hou, Zhou, Gu et Zhang, 1995

（图16，图17）

Confuciusornis suniae：侯连海，1997，81 页，图版 34, 36

Jinzhouornis yixianensis：侯连海等，2002，31 页，图版 17–19

Jinzhouornis zhangjiyingia：侯连海等，2002，38 页，图版 20–22

Confuciusornis feducciai：Zhang et al., 2009, p. 784, Figs. 1–4

Confuciusornis jianchangensis：李莉等，2010b，184 页，图版 1–2

正模 IVPP V 10918，一具近完整骨架，包括头骨、颈椎、肋骨、肩带、胸骨、前肢、股骨和胫腓骨。产于辽宁北票上元，下白垩统义县组；现存于中国科学院古脊椎动物与古人类研究所。

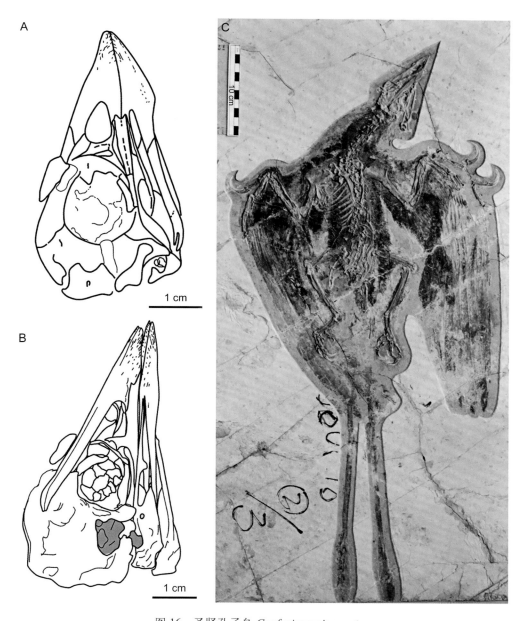

图 16 圣贤孔子鸟 *Confuciusornis sanctus*

A. 正模（IVPP V 10918）头骨线条图（据 Hou et al., 1995 重新绘制）；B. 归入标本（IVPP V 12352）头骨线条图；C. 归入标本（IVPP V 13156）骨架照片

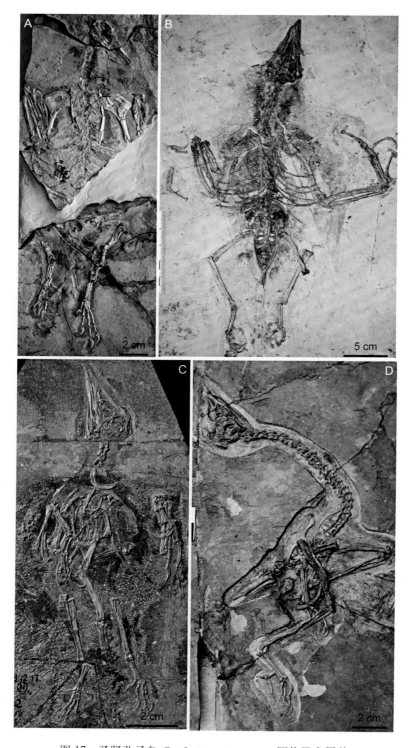

图 17 圣贤孔子鸟 Confuciusornis sanctus 同物异名属种

A. 义县锦州鸟 Jinzhouornis yixianensis（IVPP V 14412）；B. 费氏孔子鸟 Confuciusornis feducciai（DNHM D 2454）；C. 张吉营锦州鸟 Jinzhouornis zhangjiyingia（IVPP V 12352）；D. 建昌孔子鸟 Confuciusornis jianchangensis（PMOL-AB00114）

归入标本 IVPP V 10895，一具不完整骨架，包括腰带和后肢；IVPP V 11307，一具不完整的骨架，缺少头骨；IVPP V 11308，一具近完整骨架；IVPP V 11370，一具近完整骨架；IVPP V 11374，一具近完整骨架；IVPP V 11375，一具近完整骨架；IVPP V 12352，一具近完整骨架；IVPP V 12644，一具近完整骨架；IVPP V 13156，一具近完整骨架；IVPP V 13167，一具近完整骨架；IVPP V 13168，一具近完整骨架；IVPP V 13171，一具近完整骨架；IVPP V 13172，一具近完整骨架；IVPP V 13175，一具近完整骨架；IVPP V 13178，一具近完整骨架；IVPP V 14373，一具近完整骨架；IVPP V 14385，一具近完整骨架；IVPP V 14412，一具近完整骨架；IVPP V 16066，一具近完整骨架；GMV 2130–2133，均为近完整骨架；DNHM D 2454，一具近完整骨架；PMOL-AB 00114，一具近完整骨架，缺失前肢。

鉴别特征 同属。

产地与层位 辽宁北票、锦州和葫芦岛，下白垩统义县组和九佛堂组。

评注 侯连海（1997）根据一具近完整骨架 IVPP V 11308 建立孙氏孔子鸟（*Confuciusornis suniae*），其鉴别特征为：前上颌骨联合部在吻端具一缺口；前上颌骨的额突长；额骨短；顶骨大；颈椎椎体侧面具凹陷；颈椎的神经脊短而高；胸椎椎体短且窄长，侧面具有凹陷；最后三节胸椎的椎弓横突相互愈合；愈合荐椎的椎弓横突与髂骨相连；愈合荐椎的神经脊相愈合；具有愈合的尾综骨。Wang 等（2019）认为上述鉴定特征均有误，如关于前上颌骨、颈椎的形态，与圣贤孔子鸟者没有区别；而侯连海（1997）记述的最后三节胸椎实际上是愈合荐椎的第一至三节荐椎；愈合的尾综骨并非孙氏孔子鸟独有，而是尾综骨类（Pygostylia）的共有裔征。Wang 等（2019）认为孙氏孔子鸟具有很多圣贤孔子鸟的鉴定特征，因而将其认为是圣贤孔子鸟的同物异名。侯连海等（2002）依据两件近完整骨架 IVPP V 14412 和 V 12352，分别建立了义县锦州鸟和张吉营锦州鸟，二者组成锦州鸟属。李莉等（2010b）将其归入到孔子鸟科。侯连海等（2002）提出锦州鸟属的鉴定特征为：头骨低矮，眼眶前的部分占据头骨长度超过一半，眼眶小；颈椎较孔子鸟属者短；胸椎超过 12 节；手指的爪节强烈弯曲，大掌骨和大手指不膨大；肩胛骨和肱骨长度相近；第二和第四蹠骨背面各发育一个结节，其中第四蹠骨的结节相对较小。侯连海等（2002）提出的义县锦州鸟的鉴别特征，除了上述锦州鸟属的鉴定特征外，还包括：吻端长，脑颅较小；肱骨纤细；第二至四蹠骨与远端跗骨愈合；第五蹠骨发育，且不与其他蹠骨愈合；第三趾骨第一趾节近段具有一附着骨片。Wang 等（2019）认为上述锦州鸟属和义县锦州鸟的鉴定特征均有误，而义县锦州鸟具有很多圣贤孔子鸟的鉴定特征，因此应为圣贤孔子鸟的同物异名。侯连海等（2002）命名张吉营锦州鸟时，所列特征包括：除了锦州鸟属的特征外，前上颌骨的额突延伸到额骨的前缘；下颞窝小；方颧骨构成眼眶的后边缘；眼眶小；叉骨较孔子鸟的纤细；肱骨较义县锦州鸟粗壮。Wang 等（2019）认为上述张吉营锦州鸟的鉴定特征有误，如

"方颧骨构成眼眶的后缘"是将眶后骨错误地鉴定为方颧骨所致；下颞窝和眼眶等受保存的影响，其大小无法确定；而叉骨和肱骨的粗壮程度与圣贤孔子鸟和义县锦州鸟仅有微细的差异，很可能受保存的影响。Wang 等（2019）认为张吉营锦州鸟具有大量圣贤孔子鸟的鉴定特征，属于后者的同物异名。Zhang 等（2009）根据一具近完整的骨架 DNHM D 2454 建立了费氏孔子鸟，所列特征包括：前肢（肱骨＋尺骨＋腕掌骨）与后肢（股骨＋胫跗骨＋跗蹠骨）长度比值约 1.15，大于其他圣贤孔子鸟；肱骨近端扁平，三角肌脊不发育窗孔；小翼指近端指节纤细；叉骨 V 形；胸骨的宽度超过长度；坐骨与耻骨长度比约 2∶3；个体较其他圣贤孔子鸟大。Wang 等（2019）对费氏孔子鸟的再研究发现，上述部分鉴定特征有误，包括：三角肌脊具有与圣贤孔子鸟相同的窗孔；叉骨的形状受保存的影响而呈现 V 形；小翼指的粗壮程度与圣贤孔子鸟无显著差异；坐骨的长度受保存影响而难以准确测量；胸骨后缘未保存，所以无法确定其长度。同时，Wang 等（2019）认为费氏孔子鸟具有很多圣贤孔子鸟的鉴定特征，提出其为后者的同物异名。李莉等（2010b）根据一具近完整骨架 PMOL-AB 00114 命名了建昌孔子鸟，总结的鉴定特征包括：上、下颌无齿；鳞状骨三角形；方骨大；齿骨细长，背侧边缘凸起；股骨与胫跗骨长度比值为 0.89；第二至四蹠骨近端愈合；第五蹠骨缺失；尾综骨粗大。Wang 等（2019）认为上述鉴定特征有误，其中有关鳞状骨、方骨和齿骨的描述受化石保存的影响而难以确定；上、下颌无齿为孔子鸟类的近裔特征，难以作为该种的鉴定特征；股骨与胫跗骨长度的比值分布在圣贤孔子鸟的变化范围内；第二至四蹠骨近端愈合在早白垩世鸟类中常见；尾综骨的形态与其他孔子鸟无明显区别；在 PMOL-AB 00114 未发现第五蹠骨，应该是保存的原因。因为在孔子鸟鸟类中，第五蹠骨纤细且不与其他蹠骨愈合，因而易在保存的过程中丢失。Wang 等（2019）认为建昌孔子鸟具有圣贤孔子鸟的鉴定特征，提出其为后者的同物异名。

杜氏孔子鸟 *Confuciusornis dui* Hou, Martin, Zhou, Feduccia et Zhang, 1999

（图 18）

正模　IVPP V 11553，一具近完整骨架。产自辽宁北票张吉营，下白垩统义县组。

归入标本　IVPP V 11521，一具不完整骨架，仅保存胸骨、肋骨、椎体、腰带、股骨和尾综骨。产自辽宁北票张吉营，下白垩统义县组。

鉴别特征　以下列特征与其他孔子鸟类相区别：吻端尖细；上颌骨背突近三角形；齿骨腹侧边缘近平直；上隔骨无腹侧突起；肱骨三角肌脊具有一窗孔；小翼指爪节相对较小。

评注　杜氏孔子鸟已报道的两件标本 IVPP V 11553 和 IVPP V 11521 目前均无法找到，仅 IVPP V 11553 的模型可供观察。

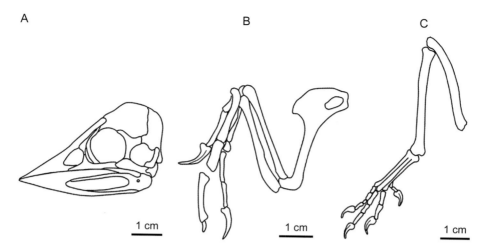

图 18　杜氏孔子鸟 *Confuciusornis dui* 正模（IVPP V 11553）线条图（改自 Hou et al., 1999b）
A. 头骨；B. 前肢；C. 后肢

长城鸟属 **Genus *Changchengornis* Chiappe, Ji, Ji et Norell, 1999**

模式种　横道子长城鸟 *Changchengornis hengdaoziensis* Chiappe, Ji, Ji et Norell, 1999

鉴别特征　以下列特征与孔子鸟科其他成员相区别：吻端向腹侧弯曲；吻端较短，占头骨长约 1/3；下颌长度短于头骨，其高度向远端逐渐增加；叉骨上升支愈合处的后侧具有一结节；小翼掌骨长度约为大掌骨的一半；大手指的第二指节直，其长度短于第一指节；跗蹠骨不具有掌侧的凹陷；第一脚趾的长度超过第二脚趾的一半。

中国已知种　仅模式种。

分布与时代　辽宁，早白垩世。

评注　Chiappe 等（1999）建立长城鸟属时归纳的特征包括：叉骨上升支的背面具有一纵向凹陷，使得上升支的横截面形似"水平放置的 8"；胸骨后缘较圣贤孔子鸟的更为尖锐；肱骨三角肌脊不具有窗孔。Wang 等（2019）在个别圣贤孔子鸟的叉骨上发现类似横道子长城鸟的背侧凹陷，但是这一凹陷在多数其他圣贤孔子鸟上缺失，提出该凹陷有可能是保存的原因，而不能作为鉴定特征。Wang 等（2019）对横道子长城鸟和圣贤孔子鸟的胸骨后缘进行了比较，发现二者没有显著的差异。Wang 等（2019）认为横道子长城鸟的肱骨三角肌脊保存不完整，因此难以确定其是否具有类似圣贤孔子鸟的窗孔。

横道子长城鸟 *Changchengornis hengdaoziensis* Chiappe, Ji, Ji et Norell, 1999

（图 19）

正模　GMV 2129，一具近完整的骨架，多数骨骼关节在一起。产自辽宁北票上元，下白垩统义县组；现存于中国地质博物馆。

鉴别特征 同属。

词源 属名系长城的中文拼音，种名指示正模化石产地。

产地与层位 辽宁北票上元，下白垩统义县组。

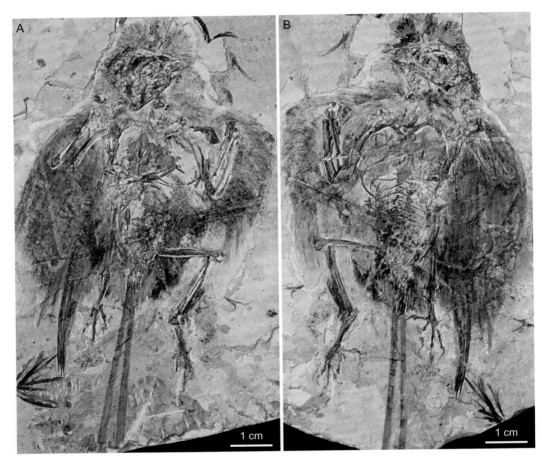

图 19 横道子长城鸟 *Changchengornis hengdaoziensis* 正模（GMV 2129）

始孔子鸟属 Genus *Eoconfuciusornis* Zhang, Zhou et Benton, 2008

模式种 郑氏始孔子鸟 *Eoconfuciusornis zhengi* Zhang, Zhou et Benton, 2008

鉴别特征 以下列特征与其他孔子鸟科的成员相区别：吻端尖细；上颌骨背突前后侧压扁；上隅骨具有一腹侧的突起；胸椎椎体的侧面不具凹陷；肱骨三角肌脊不具窗孔；大手指的第一指节较第二指节短。

中国已知种 仅模式种。

分布与时代 河北，早白垩世。

评注　Zhang 等（2008）建立始孔子鸟属时归纳的鉴别特征还包括：肩胛骨不发育肩峰突和肱骨关节面；乌喙骨短，其与胸骨的关节面短；肱骨近端腹背向的宽度不及肱骨末端宽度的 2 倍；距骨具一孔洞；跗蹠骨长度超过胫跗骨的一半。Wang 等（2019）认为，郑氏始孔子鸟的模式种是一个幼年或未成年个体，很多形态特征很有可能受个体发育的影响，如肱骨三角肌脊是否具有窗孔，故该特征加问号以示其并不确定。郑氏始孔子鸟的乌喙骨和肩胛骨愈合在一起，受保存的影响，难以观察到肩峰突和肱骨关节面；同时肩峰突的骨化晚于肩胛骨的其他部位，郑氏始孔子鸟正模个体死亡时，肩峰突可能尚未完全骨化，所以未能保存。肩峰突的缺失可有多种解释，似难作为其鉴定特征。同时受个体发育的影响，包括肱骨的近端和远端宽度的比较，跗蹠骨和胫跗骨长度的比值等特征，均不能作为有效的鉴定特征。Zheng 等（2017）报道了一具发现于郑氏始孔子鸟化石点的近完整骨架 STM 7-144，该标本与郑氏始孔子鸟的形态相似，仅在肢骨的比例上有细微差别。但由于郑氏始孔子鸟的正模个体和 STM 7-144 均是未成年个体，所以这些骨骼相对长度的差异有可能反映个体发育的不同阶段，抑或代表了性别差异。Wang 等（2019）认为 STM 7-144 应暂时归入始孔子鸟属未定种。Navalón 等（2018）在郑氏始孔子鸟的正模化石发现地点临近的层位报道了一具近完整的骨架 BMNHC-PH 870，认为其有可能属于郑氏始孔子鸟。BMNHC-PH 870 个体比郑氏始孔子鸟的正模大，而其他的腕掌骨、胫跗骨和跗蹠骨均分别愈合，表明其是一个成年个体。BMNHC-PH 870 虽然与郑氏始孔子鸟在部分形态上相似，但又有明显的差异：其肱骨三角肌脊具有一窗孔，而该窗孔在郑氏始孔子鸟的正模个体中缺失。目前并不清楚该窗孔的发育程度是否受个体发育的影响。BMNHC-PH 870 的第三蹠骨明显宽于第二和第四蹠骨，而第二至四蹠骨在郑氏始孔子鸟的正模，以及 STM 7-144 中均近等宽。Wang 等（2019）认为由于不能排除上述这些形态差异是否源自个体发育，建议将 BMNHC-PH870 暂时归入孔子鸟属未定种或者孔子鸟科未定种。

郑氏始孔子鸟 *Eoconfuciusornis zhengi* Zhang, Zhou et Benton, 2008

（图 20）

正模　IVPP V 11977，一具近完整骨架。产自河北丰宁四岔口，下白垩统花吉营组；现存于中国科学院古脊椎动物与古人类研究所。

鉴别特征　同属。

产地与层位　河北丰宁四岔口，下白垩统花吉营组。

评注　Zhang 等（2008）认为郑氏始孔子鸟的正模为一成年个体。Wang 等（2019）认为 IVPP V 11977 的多数骨骼并未完全骨化，并且腕掌骨、胫跗骨和跗蹠骨等未愈合，说明其为未成年或者幼年个体。

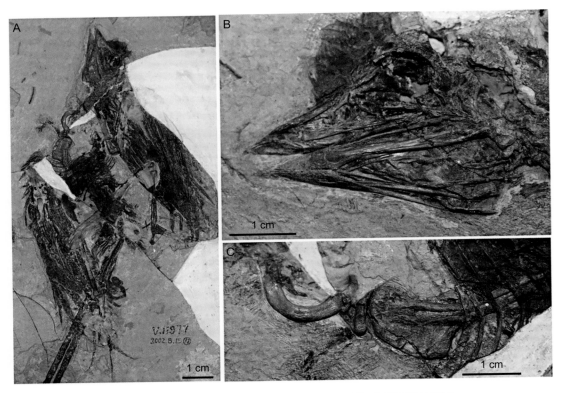

图 20　郑氏始孔子鸟 *Eoconfuciusornis zhengi* 正模（IVPP V 11977）
A. 骨架照片；B. 头部照片；C. 叉骨和肱骨近端照片

会鸟目　Order SAPEORNITHIFORMES Zhou et Zhang, 2006

概述　Zhou 和 Zhang（2006a）创建了会鸟目，而会鸟目最早的成员朝阳会鸟（*Sapeornis chaoyangensis*）也是由 Zhou 和 Zhang（2002b）所命名。会鸟目是目前已知最原始的具有尾综骨的鸟类之一，其化石仅发现于辽西早白垩世的热河生物群。一些分支系统学的研究认为其较孔子鸟目原始，从而构成了孔子鸟目和鸟胸类（包括反鸟类和今鸟型类）的外群（如 Clarke et al., 2006；Zhou et Zhang, 2006b；O'Connor et Zhou, 2013 等），而另一些研究则认为相较于孔子鸟目，会鸟目是鸟胸类最近的外群（如 Wang M. et al., 2015b；Wang et Zhou, 2017a）。

定义与分类　会鸟目是包括朝阳会鸟（*Sapeornis chaoyangensis*），但不包括郑氏始孔子鸟（*Eoconfuciusornis zhengi*）和家麻雀（*Passer domesticus*）的最广义类群。会鸟目最早的成员是发现于我国辽宁下白垩统义县组的朝阳会鸟。

形态特征　会鸟目具有下列特征组合：下颌无齿；叉骨粗壮，具一短的叉骨突；前肢（肱骨＋尺骨＋腕掌骨）与后肢（股骨＋胫跗骨＋跗蹠骨）长度比值约 1.5；肱骨三角肌脊近方形，其远端背侧凸出呈尖锐角状，使得三角肌脊的远端边缘呈凹陷状；三角肌脊具一卵圆状孔洞；大掌骨和小掌骨紧邻而无明显的掌骨间隙；小手指具有两节指节；股骨稍短于胫跗骨。

分布与时代 辽宁，早白垩世。

会鸟科 Family Sapeornithidae Zhou et Zhang, 2006

模式属 会鸟属 *Sapeornis* Zhou et Zhang, 2002

定义与分类 会鸟科是一个包含朝阳会鸟（*Sapeornis chaoyangensis*），但不包括郑氏始孔子鸟（*Eoconfuciusornis zhengi*）和家麻雀（*Passer domesticus*）的最广义类群。

中国已知属 仅模式属。

分布与时代 辽宁，早白垩世。

评注 Zhou 和 Zhang（2006a）建立了会鸟科，但并未指定模式属。会鸟科最早的成员朝阳会鸟由 Zhou 和 Zhang（2002b）命名，之后 Yuan（2008）建立了二指鸟属（*Didactylornis*），Hu 等（2010）又建立了沈师鸟属（*Shenshiornis*），均归入到会鸟科。之后的研究认为二指鸟属和沈师鸟属命名时所依据的正模都是朝阳会鸟的同物异名（Gao et al., 2012；Pu et al., 2013），所以二指鸟属和沈师鸟属为无效命名，本书同意此观点。目前会鸟科仅包括会鸟属，所以此处指定会鸟属为模式属。

会鸟属 Genus *Sapeornis* Zhou et Zhang, 2002

模式种 朝阳会鸟 *Sapeornis chaoyangensis* Zhou et Zhang, 2002

词源 属名为纪念 2000 年在北京举办的鸟类古生物与演化会议，系其首字母缩写（Society of Avian Paleontology and Evolution）。

中国已知种 仅模式种。

分布与时代 辽宁，早白垩世。

评注 Zhou 和 Zhang（2002b）建立该属时主要列出了会鸟属与始祖鸟、孔子鸟属以及其他早白垩世鸟类的差异，随后 Zhou 和 Zhang（2003）依据新的标本系统归纳了会鸟属的鉴定特征，尤其是修订了会鸟属的小手指具有两节指节。

朝阳会鸟 *Sapeornis chaoyangensis* Zhou et Zhang, 2002

（图 21）

Didactylornis jii：Yuan, 2008, p. 49, Figs. 1–4

Sapeornis angustis：Pauline et al., 2009, p. 196, Figs. 1–8

Shenshiornis primita：Hu et al., 2010, p. 474, Figs. 2–4

正模 IVPP V 12698，一具不完整骨架，包括近乎完整的头后骨骼。产于辽宁朝阳，下白垩统九佛堂组；现存于中国科学院古脊椎动物与古人类研究所。

归入标本 IVPP V 13275 和 IVPP V 13276，两具近完整的骨架，均产于辽宁朝阳，下白垩统九佛堂组，现存于中国科学院古脊椎动物与古人类研究所；DNHM-D 3078，一具近完整的骨架，产于辽宁葫芦岛，下白垩统义县组，现存于大连自然博物馆；41HIII 0405，一具近完整的骨架，产于辽宁朝阳，下白垩统九佛堂组，现存于河南地质博物馆。

产地与层位 辽宁朝阳、葫芦岛，下白垩统义县组和九佛堂组。

评注 Yuan（2008）根据一具近完整的骨架 CDPC-02-001 建立了季氏二指鸟（*Didactylornis jii*），归入到会鸟科，列出的区别于朝阳会鸟的特征为：小翼手指的第一指节长度达到大掌骨的 85%，是大手指第一和第二指节长度之和的 77%；小手指指节退化，手指指式为 2-3-0；第四脚趾只有四个指节。Gao 等（2012）提出 CDPC-02-001 手指和脚趾保存差，小翼指第一指节的长度受保存的影响难以准确测量，假设 Yuan（2008）对该指节的描述正确，那么就没有足够的空间供小翼掌骨放置；CDPC-02-001 第四脚趾的各指节并未成自然状态关联，并且其近端和跗蹠骨以及其他脚趾相互压覆，造成了仅有四个指节能被清楚观察到，所以认为季氏二指鸟是朝阳会鸟的同物异名。Pauline 等（2009）根据一具近完整的骨架 IVPP V 13396 命名了窄脊会鸟（*Sapeornis angustis*），列出的区别于朝阳会鸟的特征为：荐椎不多于 6 节；肱骨三角肌脊窄细，其远端背侧部分突出程度不及朝阳会鸟；叉骨上升支较细，叉骨突较短；小翼掌骨相对较长，达到大掌骨的 1/3；耻骨联合较短。Gao 等（2012）认为 IVPP V 13396 是未成年个体，上述的鉴别特征很有可能受个体发育的影响，故难以区分窄脊会鸟和朝阳会鸟，所以认为前者为朝阳会鸟的同物异名。Hu 等（2010）根据一具不完整骨架 LPM-B 00018（缺失前肢、肩带等）命名了原始沈师鸟（*Shenshiornis primita*），列出的鉴定特征为：前上颌骨额突长；前上颌骨和上颌骨具齿，齿骨无齿；牙齿齿冠近三角状，其宽度超过牙齿根部；颈椎双凹型；中部和后部颈椎的后关节突伸长至后一颈椎椎体长度的一半；荐椎 8 节；自由尾椎至少 10 节；髂骨的髋臼前部向前变细；髂骨后缘具一结节；耻骨长度约为股骨的 95%；第一蹠骨和第五蹠骨与第三蹠骨的长度比值分别为 0.3 和 0.4。Gao 等（2012）认为上述骨骼形态的描述受保存影响而难以确定，LPM-B 00018 与朝阳会鸟没有明显的形态差异；Pu 等（2013）利用回归分析的方法，认为原始沈师鸟、季氏二指鸟、窄脊会鸟与朝阳会鸟在骨骼比例上的差异可能源自个体发育的结果，因此认为这三个种均为朝阳会鸟的同物异名。

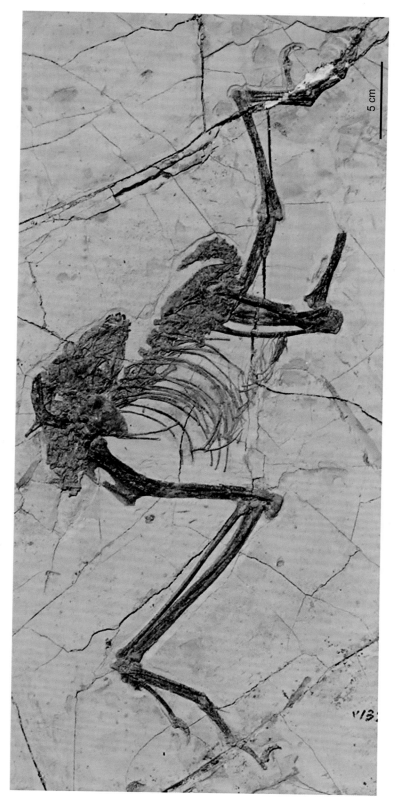

图 21　朝阳会鸟 *Sapeornis chaoyangensis* 归入标本（IVPP V 13276）

尾综骨类分类位置不明 Pygostylia incertae sedis

重明鸟属 Genus *Chongmingia* Wang, Wang, Wang et Zhou, 2016

模式种 郑氏重明鸟 *Chongmingia zhengi* Wang, Wang, Wang et Zhou, 2016

鉴别特征 非鸟胸类的基干鸟类，具有如下鉴别特征：叉骨粗壮，呈回旋镖状，上升支间的夹角为68°；乌喙骨和肩胛骨愈合成肩胛乌喙骨；肱骨近端在中央凹陷，三角肌脊宽大；小翼掌骨较长，与大掌骨的长度比值约为0.32；小掌骨弯曲显著，与大掌骨间的掌骨间隙宽；近端跗骨与胫骨愈合；前肢（肱骨＋尺骨＋腕掌骨）与后肢（股骨＋胫跗骨＋跗蹠骨）的长度比值约为1.07。

词源 属名系中国神话传说中的神鸟"重明鸟"的音译。

中国已知种 仅模式种。

分布与时代 辽宁，早白垩世。

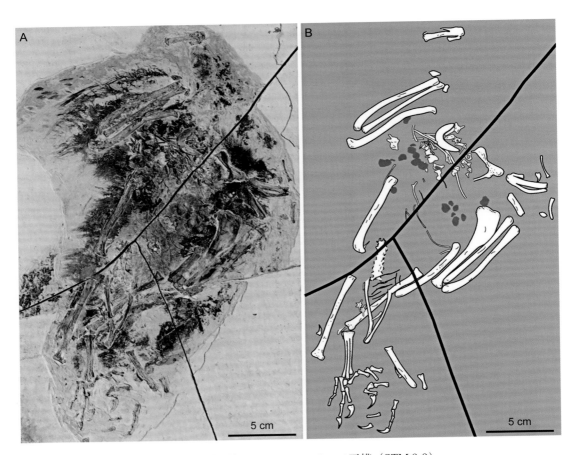

图 22 郑氏重明鸟 *Chongmingia zhengi* 正模（STM 9-9）

A. 骨架照片；B. 线条图

评注 Wang M.等（2016b）建立该属时依据的是一具不完整骨架 STM 9-9，保存了包括肩带、前肢、部分椎体、后肢等骨骼，也是目前重明鸟属的唯一化石。Wang M.等（2016b）的系统发育分析显示，重明鸟系鸟胸类的外类群。由于 STM 9-9 保存不完整，特别是缺失头骨和尾椎，其相对于其他非鸟胸类的基干鸟类的系统位置目前还难以确定。

郑氏重明鸟 *Chongmingia zhengi* Wang, Wang, Wang et Zhou, 2016
（图 22）

正模 STM 9-9，一具不完整骨架，包含前、后肢，肩带，以及部分椎体。现存于山东省天宇自然博物馆。

产地与层位 辽宁朝阳大平房，下白垩统义县组。

鸟胸类 ORNITHOTHORACES Chiappe, 1995

鸟胸类这一分类单元是由 Chiappe（1991）首次提出，原文中所使用的术语为 Ornithopectae，是指包括所有产于西班牙 Las Hoyas 早白垩世的鸟类和所有现生鸟类最近的共同祖先及其全部后裔所组成的类群。由于 Ornithopectae 有语法错误（Chiappe，1995），Chiappe 和 Calvo（1994）用鸟胸类（Ornithothoraces）一词替换了 Ornithopectae。Chiappe（1995）将鸟胸类（Ornithothoraces）定义修订为所有现生鸟类和伊比利亚中鸟（*Iberomesornis romerali*）最近的共同祖先及其全部后裔所组成的类群，其中伊比利亚中鸟属于反鸟类（Enantiornithes），也是 Chiappe（1991）所提到的"Las Hoyas 早白垩世的鸟类"。Sereno（1998）将 Ornithothoraces 定义为"所有现生鸟类和三塔中国鸟（*Sinornis santensis*）最近的共同祖先及其全部后裔所组成的类群"，只是其援引的反鸟类不同，用三塔中国鸟替换了伊比利亚中鸟。之后的系统发育研究的结果都显示了鸟胸类是由反鸟类和今鸟型类（Ornithuromorpha）构成的。

反鸟类 ENANTIORNITHES Walker, 1981

反鸟类系 Walker（1981）首先提出，将其定义为当时已知的鸟纲的第四个亚纲级分类单元，其他三个为：古鸟亚纲（Archaeornithes，由始祖鸟构成）、齿鸟亚纲（Odontornithes，包括黄昏鸟目 Hesperornithiformes 和鱼鸟目 Ichthyornithiformes）和新鸟亚纲（Neornithes，包括所有现生鸟类）。近年来，随着对中生代鸟类系统发育关系认识的深入，古鸟亚纲和齿鸟亚纲已经不再使用。Sereno（1998）首次归纳了反鸟亚纲的分支系统学定义：

反鸟亚纲是由相对于今鸟型类，而与三塔中国鸟（*Sinornis santensis*）亲缘关系更近的全部鸟胸类（Ornithothoraces）所构成。之后，大量系统发育研究的结果都证实了反鸟亚纲是一个单系类群（如 Clarke et al., 2006；Zhou et al., 2008；O'Connor, 2009；Wang et Lloyd, 2016 等）。根据鸟胸类和反鸟亚纲的定义可知，反鸟亚纲与今鸟型类是同一水平的分类单元，而后者的英文学名 Ornithuromorpha 多被翻译为"今鸟型类"，而 Enantiornithes 的中文翻译"反鸟类"也被多数学者接受（也有文献将其翻译为反鸟亚纲）。为了避免混淆，本书建议使用"反鸟类"作为 Enantiornithes 的中文名。反鸟类是中生代鸟类多样性最为丰富的一个类群，其化石在除南极洲以外的大陆均有发现，时代分布从早白垩世延续至晚白垩世。因此，反鸟类是鸟类演化历史中第一次发生大规模辐射演化的类群。在中国已发现的中生代鸟类化石中，反鸟类的属种数目也多于其他类群。

原羽鸟目 Order PROTOPTERYGIFORMES Zhou et Zhang, 2006

概述　Zhou 和 Zhang（2006a）首次提出原羽鸟目，其最早成员丰宁原羽鸟（*Protopteryx fengningensis*）由 Zhang 和 Zhou（2000）命名，该种也是目前已知原羽鸟目的唯一成员。丰宁原羽鸟正模化石发现于河北四岔口盆地，Zhang 和 Zhou（2000）认为丰宁原羽鸟所在层位相当于辽西地区的义县组。Jin 等（2008）根据生物地层学的研究结果认为丰宁原羽鸟所在层位属于花吉营组，低于辽西地区的义县组，而相当于滦平盆地的大店子组。He 等（2006）对花吉营组同位素测年的结果表明该层位的年龄为 1.3 亿年，这是热河生物群含化石层的最低层位，因而花吉营组成为了仅次于产生始祖鸟的德国晚侏罗世索伦霍芬硬板石灰岩的最古老的含有鸟类的地层。

定义与分类　原羽鸟目是包括丰宁原羽鸟（*Protopteryx fengningensis*）的最狭义类群。原羽鸟目仅包括 1 科 1 属 1 种，即该目目前已知最原始的成员——我国河北丰宁四岔口盆地下白垩统花吉营组的丰宁原羽鸟。

形态特征　乌喙骨近端的内侧边缘有一突起；乌喙骨的外边缘主体部分凹陷，仅在末端凸起；叉骨上升支间的夹角约 45°；胸骨后缘具有一对外侧梁；胸骨外边缘，靠近外侧梁的近端位置具有一个外侧突；胸骨后缘呈 V 字形；尖状突末端略微超过外侧梁；小翼指第一指节止于大掌骨末端；大手指第一指节的长度不及第二指节。

分布与时代　河北，早白垩世。

原羽鸟科 Family Protopterygidae Zhou et Zhang, 2007

模式属 原羽鸟属 *Protopteryx* Zhang et Zhou, 2000

定义与分类 原羽鸟科是一个包含丰宁原羽鸟（*Protopteryx fengningensis*）的最狭义类群。目前仅包括一个属。

鉴别特征 同目。

中国已知属 仅模式属。

分布与时代 河北，早白垩世。

评注 Zhou 和 Zhang（2006a）建立原羽鸟科时，未指定模式属。由于目前原羽鸟科仅包含原羽鸟属，所以此处指定其为模式属。

原羽鸟属 Genus *Protopteryx* Zhou et Zhang, 2000

模式种 丰宁原羽鸟 *Protopteryx fengningensis* Zhang et Zhou, 2000

鉴别特征 同科。

中国已知种 仅模式种。

分布与时代 河北丰宁，早白垩世。

丰宁原羽鸟 *Protopteryx fengningensis* Zhang et Zhou, 2000

（图 23）

正模 IVPP V 11665，一具近完整的骨架。产于河北四岔口，下白垩统花吉营组；现存于中国科学院古脊椎动物与古人类研究所。

归入标本 IVPP V 11844，一具近完整的骨架。产于河北四岔口，下白垩统花吉营组；现存于中国科学院古脊椎动物与古人类研究所。

鉴别特征 同属。

产地与层位 河北丰宁四岔口，下白垩统花吉营组。

评注 Zhang 和 Zhou（2000）命名丰宁原羽鸟时，归纳的特征还包括：①小掌骨远端超过大掌骨的远端；②小手指的第一指节短小，呈三角状；③叉骨突长度约为叉骨上升支长度的一半。其中特征①为反鸟类的近裔特征；特征②和③在反鸟类中常见，因此不应作为鉴别特征。系统发育分析的结果表明丰宁原羽鸟是目前已知最原始的反鸟类（Wang 和 Zhou, 2017a；Wang et al., 2017b）。

1 cm

图 23　丰宁原羽鸟 *Protopteryx fengningensis* 正模（IVPP V 11665）

长翼鸟目 Order LONGIPTERYGIFORMES Zhang, Zhou, Hou et Gu, 2000

概述 张福成等（2000）首次提出长翼鸟目，并命名了朝阳长翼鸟（*Longipteryx chaoyangensis*）。Hou 等（2004）命名了韩氏长吻鸟（*Longirostravis hani*）。Zhou 和 Zhang（2006a）建立长吻鸟目（Longirostravisformes），仅包含韩氏长吻鸟。O'Connor 等（2009）命名了库氏扇尾鸟（*Shanweiniao cooperorum*），将其归入到长翼鸟科（Longipterygidae）。之后，O'Connor 等（2011a, b）对潘氏抓握鸟（*Rapaxavis pani*）和郑氏波罗赤鸟（*Boluochia zhengi*）进行了再研究，其系统发育研究的结果表明，朝阳长翼鸟、韩氏长吻鸟、库氏扇尾鸟、潘氏抓握鸟和郑氏波罗赤鸟构成一个单系类群，并将其都归入到长翼鸟科中（O'Connor et al., 2011a），这也得到了后续研究的支持（如 Wang M. et al., 2014b, 2015b；Wang et Lloyd, 2016）。因此，本书认为应保留长翼鸟目和长翼鸟科，取消长吻鸟目和长吻鸟科。

定义与分类 长翼鸟目是一包括朝阳长翼鸟（*Longipteryx chaoyangensis*）和韩氏长吻鸟（*Longirostravis hani*）的最近共同祖先及其全部后裔的类群。长翼鸟目目前仅包括长翼鸟科。长翼鸟目最早的成员是发现于我国辽宁义县下白垩统义县组的韩氏长吻鸟。

形态特征 眼眶之前的部分约占头骨长度的60%，或更长；前上颌骨吻端的背侧和腹侧边缘近于平行；前上颌骨吻端的背侧边缘在额突的前缘位置略微凹陷；牙齿仅分布在前上颌骨和齿骨的吻端；乌喙骨外侧边缘近乎平直；尾综骨接近或超过跗蹠骨的长度；第二和第四蹠骨远端超过第三蹠骨滑车的近端。

分布与时代 辽宁，早白垩世。

长翼鸟科 Family Longipterygidae Zhang, Zhou, Hou et Gu, 2000

模式属 长翼鸟属 *Longipteryx* Zhang, Zhou, Hou et Gu, 2000

定义与分类 长翼鸟属是一包括朝阳长翼鸟（*Longipteryx chaoyangensis*）和韩氏长吻鸟（*Longirostravis hani*）的最近共同祖先及其全部后裔的类群。目前仅包含一科。

鉴别特征 同目。

中国已知属 长翼鸟属 *Longipteryx* Zhang, Zhou, Hou et Gu, 2000，长吻鸟属 *Longirostravis* Hou, Chiappe, Zhang et Chuong, 2004，扇尾鸟属 *Shanweiniao* O'Connor, Wang, Chiappe, Gao, Meng, Cheng et Liu, 2009，抓握鸟属 *Rapaxavis* Morschhauser, Varricchio, Gao, Liu, Wang, Cheng et Meng, 2009，波罗赤鸟属 *Boluochia* Zhou, 1995。共 5 属。

分布与时代 辽宁，早白垩世。

评注 周忠和（1995）依据一具不完整的骨架 IVPP V 9770，命名了郑氏波罗赤鸟（*Boluochia zhengi*）。Zhou 和 Zhang（2006a）为此建立了波罗赤鸟目和波罗赤鸟科。O'Connor 等（2011c）依据前上颌骨、尾综骨和跗蹠骨的形态等，认为郑氏波罗赤鸟与朝阳长翼鸟较为相似，将其归入到长翼鸟科中。本书同意此观点，并取消波罗赤鸟目和波罗赤鸟科。

长翼鸟属 Genus *Longipteryx* Zhang, Zhou, Hou et Gu, 2000

模式种 朝阳长翼鸟 *Longipteryx chaoyangensis* Zhang, Zhou, Hou et Gu, 2000

鉴别特征 眼眶之前的部分约占头骨长度的 65%；牙齿宽大，齿冠强烈向后侧弯曲并超过齿根的后边缘；肱骨和尺骨长度之和与股骨和胫跗骨长度之和的比值约为 1.5；大手指第一指节和第二指节近等长；第四蹠骨长于第三蹠骨；尾综骨长度超过第三蹠骨。

中国已知种 仅模式种。

分布与时代 辽宁，早白垩世。

评注 张福成等（2000）建立长翼鸟属时，归纳的特征还包括：颈椎的中间几节为异凹型；胸骨后部发育龙骨突；胸骨后缘具有一对长的外侧梁和一对微弱发育的中间梁；钩状突未与肋骨愈合；腹膜肋至少 6 行；耻骨脚长，垂直于耻骨纵轴；腕掌骨未完全愈合；小掌骨远端超过大掌骨远端；小手指第二指节退化为三角形；跗蹠骨近端愈合；第一脚趾的第一指节和爪节不短于其他脚趾的对应趾节。上述这些特征在其他反鸟类或者早白垩世鸟类中亦有出现，因此不应该作为该属的鉴别特征。

朝阳长翼鸟 *Longipteryx chaoyangensis* Zhang, Zhou, Hou et Gu, 2000
（图 24）

Camptodontus yangi：李莉等，2010a，525 页，图版 1–2

Shengjingornis yangi：Li et al., 2012, p. 1040, Figs. 1–4

正模 IVPP V 12325，一具不完整的骨架，缺失右侧的大掌骨、小掌骨及其指节，以及大部分的趾节骨。产于辽宁朝阳，下白垩统九佛堂组；现存于中国科学院古脊椎动物与古人类研究所。

归入标本 IVPP V 12552，一具近完整骨架；IVPP V 12553，一具不完整的骨架，保存部分叉骨和肱骨；IVPP V 12554，一具不完整的骨架，仅保存桡骨。均产于辽宁朝阳，下白垩统九佛堂组；存于中国科学院古脊椎动物与古人类研究所。

鉴别特征 以如下特征组合区别于长翼鸟科的其他成员：大手指的第二指节不退化，与第一指节近等长；大手指和小手指均有爪节；胸骨的外侧梁末端不分叉，仅略微膨大；

胸骨的剑状突末端超过外侧梁的末端；第四蹠骨长于第三蹠骨；前、后肢长度的比值大于其他长翼鸟科成员。

评注 李莉等（2010a）根据一具近完整的骨架 SG 2005-B1 命名了杨氏弯齿鸟（*Camptodontus yangi*），归入长翼鸟科；Li 等（2012）根据一具近完整的骨架 PMOL-AB 00179 命名了杨氏盛京鸟（*Shengjingornis yangi*），并归入到长翼鸟科。王敏（2014）对上述标本进行了再研究，认为其与朝阳长翼鸟形态相似，属于后者的同物异名。

图 24 朝阳长翼鸟 *Longipteryx chaoyangensis* 正模（IVPP V 12325）头骨

长吻鸟属 Genus *Longirostravis* Hou, Chiappe, Zhang et Chuong, 2004

模式种 韩氏长吻鸟 *Longirostravis hani* Hou, Chiappe, Zhang et Chuong, 2004

鉴别特征 长翼鸟科成员，以如下特征组合区别于长翼鸟科的其他成员：胸骨外侧梁的末端三分叉，中间梁较其他长翼鸟科成员发达；大手指的第二指节远端强烈变细呈楔状，其末端不发育关节爪节的滑车结构；尾综骨短于第三蹠骨；第四蹠骨远端超过第三蹠骨的远端。

中国已知种 仅模式种。

分布与时代 辽宁义县，早白垩世。

韩氏长吻鸟 *Longirostravis hani* Hou, Chiappe, Zhang et Chuong, 2004

（图 25）

正模 IVPP V 11309，一具近完整的骨架。产于辽宁义县，下白垩统义县组；现存于中国科学院古脊椎动物与古人类研究所。

鉴别特征 同属。

产地与层位 辽宁义县（具体地点不明），下白垩统义县组。

图 25　韩氏长吻鸟 *Longirostravis hani* 正模（IVPP V 11309）

抓握鸟属 Genus *Rapaxavis* Morschhauser, Varricchio, Gao, Liu, Wang, Cheng et Meng, 2009

模式种　潘氏抓握鸟 *Rapaxavis pani* Morschhauser, Varricchio, Gao, Liu, Wang, Cheng et Meng, 2009

鉴别特征　长翼鸟科成员，以如下特征组合区别于长翼鸟科的其他成员：鼻骨不发育上颌突；胸骨外侧梁的末端双分叉；手指退化，不具有爪节；第三蹠骨的远端超过第四蹠骨的远端；每一脚趾的倒数第二趾节长于同一脚趾近端的其他趾节。

中国已知种　仅模式种。

分布与时代　辽宁朝阳，早白垩世。

潘氏抓握鸟 *Rapaxavis pani* Morschhauser, Varricchio, Gao, Liu, Wang, Cheng et Meng, 2009

（图 26）

正模　DMNH N2522，一具近完整的骨架。产于辽宁朝阳，下白垩统九佛堂组；现存于大连自然博物馆。

图 26　潘氏抓握鸟 *Rapaxavis pani* 正模（DMNH N2522）

鉴别特征 同属。

产地与层位 辽宁朝阳联合镇，下白垩统九佛堂组。

扇尾鸟属 Genus *Shanweiniao* O'Connor, Wang, Chiappe, Gao, Meng, Cheng et Liu, 2009

模式种 库氏扇尾鸟 *Shanweiniao cooperorum* O'Connor, Wang, Chiappe, Gao, Meng, Cheng et Liu, 2009

鉴别特征 长翼鸟科成员，以如下特征组合区别于长翼鸟科的其他成员：大手指的第二指节退化成楔型，不具有爪节；叉骨突短，叉骨上升支间的夹角约40°，上升支联合处较长；肱骨和尺骨长度之和与股骨和胫跗骨长度之和的比值约1.15，小于长翼鸟属，但是大于长吻鸟属和抓握鸟属。

词源 属名系中文扇尾鸟的音译，中性。

中国已知种 仅模式种。

分布与时代 辽宁凌源，早白垩世。

库氏扇尾鸟 *Shanweiniao cooperorum* O'Connor, Wang, Chiappe, Gao, Meng, Cheng et Liu, 2009

(图 27)

正模 DNHM D 1878，一具较完整的骨架，但前肢和部分腰带骨骼不全。产于辽宁凌源，下白垩统义县组；现存于大连自然博物馆。

鉴别特征 同属。

产地与层位 辽宁凌源，下白垩统义县组。

波罗赤鸟属 Genus *Boluochia* Zhou, 1995

模式种 郑氏波罗赤鸟 *Boluochia zhengi* Zhou, 1995

鉴别特征 以下列特征组合区别于长翼鸟科的其他成员：前上颌骨牙齿较其他长翼鸟科成员粗大；尾综骨与第三蹠骨的长度比值为1.2，与长翼鸟属接近，而大于其他长翼鸟科成员；第四蹠骨的远端超过第三蹠骨的远端。

词源 属名系模式种发现地点（波罗赤）的中文音译。

中国已知种 仅模式种。

分布与时代 辽宁朝阳，早白垩世。

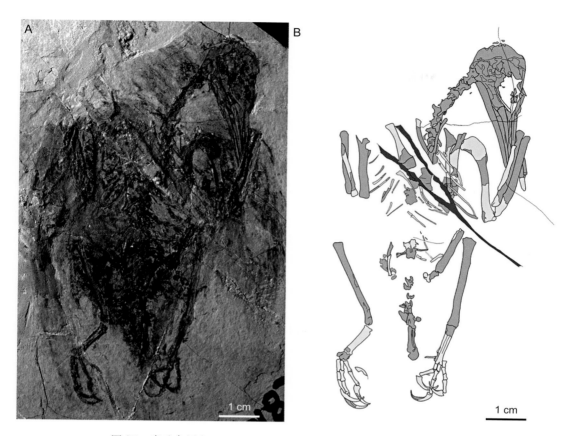

图 27　库氏扇尾鸟 *Shanweiniao cooperorum* 正模（DNHM D 1878）

A. 照片；B. 线条图（改自 O'Connor et al., 2009）

评注　周忠和（1995）依据一件不完整的骨架 IVPP V 9770，命名了郑氏波罗赤鸟（*Boluochia zhengi*）。之后，Zhou 和 Zhang（2006a）将其归入波罗赤鸟科，波罗赤鸟目。O'Connor 等（2011c）对郑氏波罗赤鸟正模化石的再研究认为其与长翼鸟科非常相似，特别是郑氏波罗赤鸟的前上颌骨吻端、牙齿形态、尾综骨和后肢具有很多长翼鸟科的特征，将其归入到长翼鸟科中，本书同意此观点。近年的系统发育的研究显示，相较于其他长翼鸟科成员，波罗赤鸟属与长翼鸟属的系统关系更近（Wang M. et al., 2014a, 2015b）。

郑氏波罗赤鸟 *Boluochia zhengi* Zhou, 1995

（图 28）

正模　IVPP V 9770，一具不完整的骨架，包括前上颌骨的吻端、部分齿骨、胸骨的后半部分、部分腰带以及后肢。产于辽宁朝阳，下白垩统九佛堂组；现存于中国科学院古脊椎动物与古人类研究所。

鉴别特征　同属。

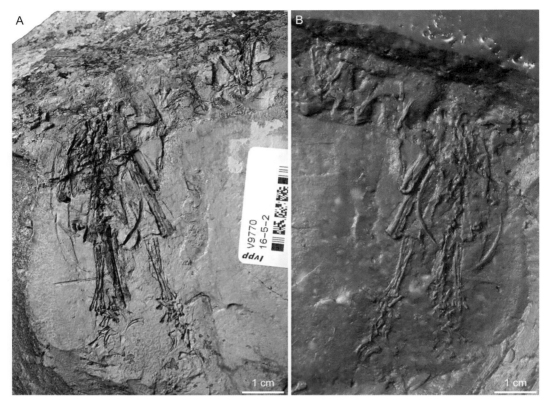

图 28　郑氏波罗赤鸟 *Boluochia zhengi* 正模（IVPP V 9770）

A. 照片；B. 模型

产地与层位　辽宁朝阳，下白垩统九佛堂组。

华夏鸟目 Order CATHAYORNITHIFORMES Zhou, Jin et Zhang, 1992

概述　Zhou 等（1992）首次提出华夏鸟目，仅包含华夏鸟科，华夏鸟属，其正模为燕都华夏鸟（*Cathayornis yandica*）。之后，Zhou 和 Hou（2002）、Zhou（2002）相继将三塔中国鸟（*Sinornis santensis*）、沃氏始华夏鸟（*Eocathayornis walkeri*）归入到华夏鸟科；侯连海（1997）、侯连海等（2002）将有尾华夏鸟（*Cathayornis caudatus*）、三燕龙城鸟（*Longchengornis sanyanensis*）、成吉思汗鄂托克鸟（*Otogornis genghisi*）、侯氏尖嘴鸟（*Cuspirostrisornis houi*）、六齿大嘴鸟（*Largirostrornis sexdentoris*）、异常华夏鸟（*Cathayornis aberransis*）归入到华夏鸟目。上述华夏鸟目成员的命名和分类位置富有争议。Wang 和 Liu（2016）系统发育研究的结果显示华夏鸟目和华夏鸟科并不是一个单系类群，认为华夏鸟目目前仅包括华夏鸟科一科，后者仅包括燕都华夏鸟一属一种。

定义与分类　华夏鸟目是包括燕都华夏鸟的最狭义类群。华夏鸟目最早的成员是发现在我国辽宁朝阳下白垩统九佛堂组的燕都华夏鸟。

华夏鸟科 Family Cathayornithidae Zhou, Jin et Zhang, 1992

模式属　华夏鸟属 *Cathayornis* Zhou, Jin et Zhang, 1992

鉴别特征　一类小型的反鸟类，具有如下特征组合：颧骨末端未分叉，并向背侧弯曲；胸骨外侧边缘靠近外侧梁的位置发育一个三角形外侧突；胸骨外侧梁的末端膨大呈三角形，其末端超过剑状突；胸骨剑状突的末端尖细；髂骨的髋臼后部向腹侧弯曲。

分布与时代　中国，早白垩世。

华夏鸟属 Genus *Cathayornis* Zhou, Jin et Zhang, 1992

模式种　燕都华夏鸟 *Cathayornis yandica* Zhou, Jin et Zhang, 1992

鉴别特征　同科。

中国已知种　仅模式种。

分布与时代　辽宁朝阳，早白垩世。

评注　侯连海（1997）、侯连海等（2002）分别命名了有尾华夏鸟（*Cathayornis caudatus*）和异常华夏鸟（*Cathayornis aberransis*），并将其归入到华夏鸟属。Li J. J. 等（2008）命名了查布华夏鸟（*Cathayornis chabuensis*），并归入到华夏鸟属。Wang 和 Liu（2016）的系统发育研究结果显示其并不是一个单系类群，对华夏鸟属的分类厘定认为其仅包括燕都华夏鸟一种。

燕都华夏鸟 *Cathayornis yandica* Zhou, Jin et Zhang, 1992

（图 29）

Longchengornis sanyanensis：侯连海，1997，144 页，图 60

Cuspirostrisornis houi：侯连海，1997，156 页，图 66–67

Largirostrornis sexdentoris：侯连海，1997，164 页，图 69–70

Cathayornis aberransis：侯连海等，2002，77 页，图 47

正模　IVPP V 9769，一具不完整的骨架，缺失部分后肢。现存于中国科学院古脊椎动物与古人类研究所。

鉴别特征　同属。

产地与层位　辽宁朝阳，下白垩统九佛堂组。

评注　侯连海（1997）命名了有尾华夏鸟（*Cathayornis caudatus*）和三燕龙城鸟（*Longchengornis sanyanensis*）、侯氏尖嘴鸟（*Cuspirostrisornis houi*）、六齿大嘴鸟（*Largirostrornis sexdentoris*）；后来侯连海等（2002）命名了异常华夏鸟（*Cathayornis aberransis*）；Li J. J. 等（2008）命名了查布华夏鸟（*Cathayornis chabuensis*）。之后的研究认为侯氏尖嘴鸟和六齿大嘴鸟属于燕都华夏鸟的同物异名（Li J. J. et al., 2008）。Wang 和 Liu（2016）认为有尾华夏鸟具有明显区别于燕都华夏鸟的特征，而系统发育的研究结果显示有尾华夏鸟与燕都华夏鸟不是单系类群，因此将有尾华夏鸟重新命名为有尾侯氏鸟（*Houornis caudatus*）；Wang 和 Liu（2016）认为查布华夏鸟具有明显不同于燕都华夏鸟的胸骨形态，而系统发育的研究结果也不支持将其归入到华夏鸟属，但由于查布华夏鸟的正模 BMNHC-ph 000110 保存不完整，难以提供足够的特征来建立新种，应将 BMNHC-ph 000110 归入反鸟类未定属种。

图 29　燕都华夏鸟 *Cathayornis yandica* 正模（IVPP V 9769）

辽宁鸟目 Order LIAONINGORNITHIFORMES Hou, 1997

概述 Hou（1997）命名长趾辽宁鸟（*Liaoningornis longidigitris*）时，建立了辽宁鸟科和辽宁鸟目，并将其归入到今鸟型类。O'Connor（2012）认为长趾辽宁鸟属于反鸟类，本书同意此观点。

定义与分类 辽宁鸟目是包含长趾辽宁鸟的最狭义类群，仅包括辽宁鸟科。辽宁鸟目最早的成员是发现在我国辽宁北票下白垩统义县组的长趾辽宁鸟。

形态特征 辽宁鸟目具有如下特征组合：胸骨小，后部不发育孔洞，胸骨后缘不发育外侧梁和中间梁；胸骨剑状突为 T 型；龙骨突近端分叉，向前延伸未及胸骨前缘；龙骨突向后延伸时高度降低直至与剑状突融合；股骨长度约为胫跗骨长度的 82%；第一蹠骨呈 P 形，第一蹠骨近端和远端关节面近平行。

分布与时代 中国，早白垩世。

辽宁鸟科 Family Liaoningornithidae Hou, 1997

模式属 辽宁鸟属 *Liaoningornis* Hou, 1997

定义与分类 辽宁鸟科是包含长趾辽宁鸟的最狭义类群，仅包括辽宁鸟属。

鉴别特征 同目。

中国已知属 仅模式属。

分布与时代 中国，早白垩世。

辽宁鸟属 Genus *Liaoningornis* Hou, 1997

模式种 长趾辽宁鸟 *Liaoningornis longidigitris* Hou, 1997

鉴别特征 同科。

中国已知种 仅模式种。

分布与时代 辽宁，早白垩世。

长趾辽宁鸟 *Liaoningornis longidigitris* Hou, 1997

（图 30）

正模 IVPP V 11303，一具不完整的骨架，包括了胸骨、部分肩带、部分前肢、较完整的后肢。产于辽宁北票，下白垩统义县组；现存于中国科学院古脊椎动物与古人类研究所。

图 30　长趾辽宁鸟 *Liaoningornis longidigitris* 正模（IVPP V 11303）

鉴别特征　同属。

始反鸟目 Order EOENANTIORNITHIFORMES Hou, Martin, Zhou et Feduccia, 1999

概述　Hou 等（1999a）命名布氏始反鸟（*Eoenantiornis buhleri*）时建立始反鸟目。

定义与分类　始反鸟目是包括布氏始反鸟的最狭义类群，仅包括始反鸟科。始反鸟目最早的成员是发现于我国辽宁北票下白垩统义县组的布氏始反鸟。

形态特征　始反鸟目是一类中等大小的反鸟类，具有如下的特征组合：吻部短而高；头骨宽；上颌骨背突几乎构成全部的鼻孔后边缘；上颌牙齿由前往后逐渐变小；下颌联合短；胸骨外侧梁向后延伸的程度不及剑状突；小翼指延伸至大掌骨的末端；腕掌骨相对较短，约为尺骨长度的 47%；大手指的第二指节相对于第一指节明显纤细。

分布与时代　中国，早白垩世。

评注　Hou 等（1999a）命名布氏始反鸟时所列的鉴别特征在反鸟类中普遍出现。Zhou 等（2005）对布氏始反鸟的鉴别特征进行了大量修正，本书同意此观点，将原文中的内容罗列如上。

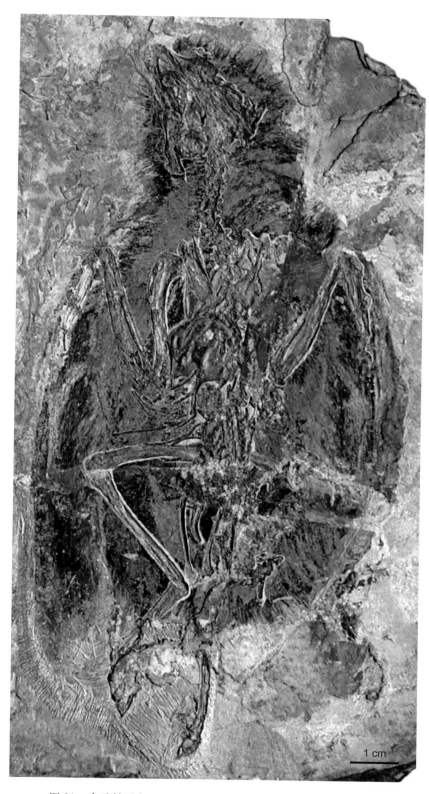

图 31　布氏始反鸟 *Eoenantiornis buhleri* 正模（IVPP V 11537）

始反鸟科 Family Eoenantiornithidae Hou, Martin, Zhou et Feduccia, 1999

模式属 始反鸟属 *Eoenantiornis* Hou, Martin, Zhou et Feduccia, 1999

定义与分类 始反鸟科是包括步氏始反鸟的最狭义类群，仅包括始反鸟属。

鉴别特征 同目。

中国已知属 仅模式属。

分布与时代 中国，早白垩世。

始反鸟属 Genus *Eoenantiornis* Hou, Martin, Zhou et Feduccia, 1999

模式种 布氏始反鸟 *Eoenantiornis buhleri* Hou, Martin, Zhou et Feduccia, 1999

鉴别特征 同科。

中国已知种 仅模式种。

分布与时代 中国，早白垩世。

布氏始反鸟 *Eoenantiornis buhleri* Hou, Martin, Zhou et Feduccia, 1999

(图 31)

正模 IVPP V 11537，一具近完整的骨架。产于辽宁北票，下白垩统义县组；现存于中国科学院古脊椎动物与古人类研究所。

鉴别特征 同属。

反鸟类目未定 ENANTIORNITHES incertae ordinis

鹏鸟科 Family Pengornithidae Wang, O'Connor, Zheng, Wang, Hu et Zhou, 2014

模式属 鹏鸟属 *Pengornis* Zhou, Clarke et Zhang, 2008

定义与分类 鹏鸟科是包含马氏始鹏鸟（*Eopengornis martini*）和侯氏鹏鸟（*Pengornis houi*）的最近共同祖先及其全部后裔的类群。鹏鸟科最原始的成员是发现在我国河北丰宁四岔口盆地下白垩统花吉营组的马氏始鹏鸟。

鉴别特征 体型中等偏大的反鸟类，具有如下特征组合：上、下颌具有多颗小的牙齿，其中上颌骨的牙齿超过 10 颗；肩胛骨的肩峰突呈钩状；胸骨后缘只有一对外侧梁，中间梁缺失；胸骨后缘呈宽大的 V 形，缺失剑状突；尾综骨较短，其末端近圆形；肱骨近端前表面扁平；尺骨长度超过肱骨长度的 1.15 倍；股骨和胫跗骨近等长；腓骨长，末端几乎与近端跗骨相接；第一蹠骨长度超过第二蹠骨长度的 30%；脚趾的爪节大小差异明显，其中第一脚趾的爪节大于其他脚趾的爪节。

中国已知属 鹏鸟属 *Pengornis* Zhou, Clarke et Zhang, 2008，始鹏鸟属 *Eopengornis* Wang, O'Connor, Zheng, Wang, Hu et Zhou, 2014，副鹏鸟属 *Parapengornis* Hu, O'Connor et Zhou, 2015，契氏鸟属 *Chiappeavis* O'Connor, Wang, Zheng, Hu, Zhang et Zhou, 2016。

分布与时代 辽宁西部、河北北部，早白垩世。

鹏鸟属 Genus *Pengornis* Zhou, Clarke et Zhang, 2008

模式种 侯氏鹏鸟 *Pengornis houi* Zhou, Clarke et Zhang, 2008

鉴别特征 鹏鸟科成员，以如下特征组合区别于其他鹏鸟科成员：上颌骨背突具有一卵圆形孔洞；泪骨的前支和后支在相接处凹陷；眶后骨呈细棒状且未与额骨愈合；牙齿呈低矮的锥形，齿冠尖细但不向后侧弯曲；跗蹠骨长度不及胫跗骨长度的一半；肱骨头呈球状，向近端突出的程度超过三角肌脊。

词源 属名系中国古代传说中大鸟的音译。

中国已知种 仅模式种。

分布与时代 辽宁西部，早白垩世。

评注 Zhou 等（2008）建立鹏鸟属时，基于系统发育分析的结果归纳了三个鉴别特征：左、右前上颌骨未愈合；肩胛骨的肩峰突弯曲；肱骨头呈球状，且向近端突出的程度超过三角肌脊。其中第一个鉴别特征在早白垩世鸟类中常见，不应当作为鉴别特征；第二个鉴别特征在之后发现的其他鹏鸟科成员中出现，应该作为鹏鸟科的共有裔征。

侯氏鹏鸟 *Pengornis houi* Zhou, Clarke et Zhang, 2008

（图 32）

正模 IVPP V 15336，一具近完整的骨架。产于辽宁朝阳，下白垩统九佛堂组；现存于中国科学院古脊椎动物与古人类研究所。

鉴别特征 同属。

产地与层位 辽宁朝阳，下白垩统九佛堂组。

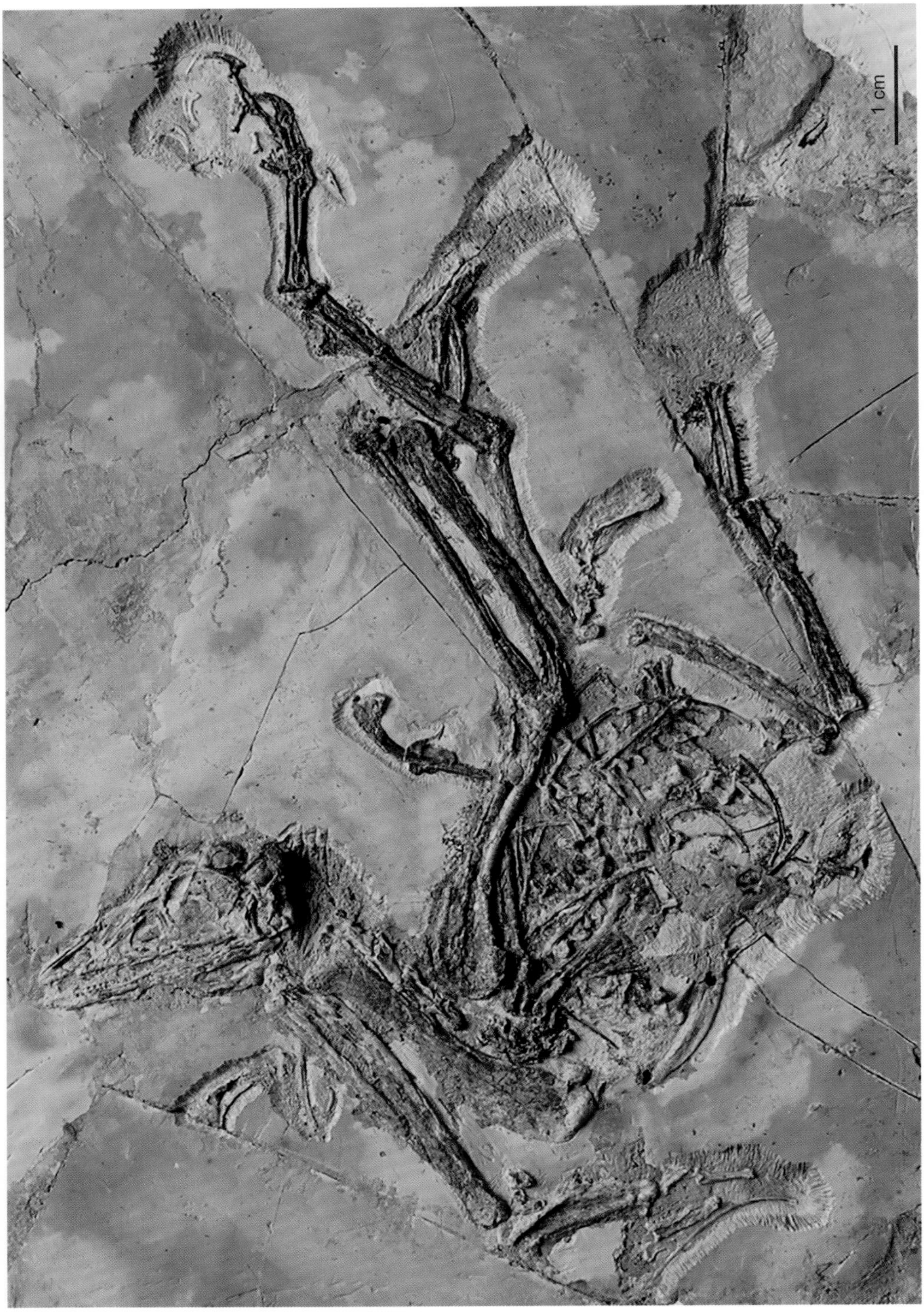

图 32 侯氏鹏鸟 *Pengornis houi* 正模 (IVPP V 15336)

始鹏鸟属 Genus *Eopengornis* Wang, O'Connor, Zheng, Wang, Hu et Zhou, 2014

模式种 马氏始鹏鸟 *Eopengornis martini* Wang, O'Connor, Zheng, Wang, Hu et Zhou, 2014

鉴别特征 鹏鸟科成员，以如下特征组合区别于其他鹏鸟科成员：牙齿齿尖向后侧弯曲；鼻骨无孔洞，腓骨末端呈圆形膨大；第一蹠骨和第一脚趾的第一指节长度均超过第二蹠骨长度的一半；跗蹠骨长度超过胫跗骨长度的一半；胸骨外侧梁向末端延伸程度低于胸骨的后缘。

中国已知种 仅模式种。

分布与时代 辽宁西部，早白垩世。

马氏始鹏鸟 *Eopengornis martini* Wang, O'Connor, Zheng, Wang, Hu et Zhou, 2014

（图 33）

正模 STM 24-1，一具近完整的骨架。产于河北丰宁，下白垩统花吉营组；现存于山东省天宇自然博物馆。

鉴别特征 同属。

产地与层位 河北丰宁，下白垩统花吉营组。

评注 马氏始鹏鸟的正模 STM 24-1 是一个亚成年个体，所以有关肢骨长度比例的特征有可能受个体发育的影响。

副鹏鸟属 Genus *Parapengornis* Hu, O'Connor et Zhou, 2015

模式种 宽尾副鹏鸟 *Parapengornis eurycaudatus* Hu, O'Connor et Zhou, 2015

鉴别特征 鹏鸟科成员，以如下特征组合区别于其他鹏鸟科成员：牙齿齿尖向后侧弯曲；靠近头骨的颈椎短，靠后的颈椎长；尾综骨长度不及第三蹠骨长度的一半，尾综骨宽，其侧突向外扩展明显，尾综骨末端边缘凹陷；叉骨上升支细且直。

中国已知种 仅模式种。

分布与时代 辽宁，早白垩世。

宽尾副鹏鸟 *Parapengornis eurycaudatus* Hu, O'Connor et Zhou, 2015

（图 34）

正模 IVPP V 18687，一具近完整的骨架。产于辽宁凌源，下白垩统九佛堂组；现存于中国科学院古脊椎动物与古人类研究所。

图 33　马氏始鹏鸟 *Eopengornis martini* 正模（STM 24-1）

图 34 宽尾副鹏鸟 *Parapengornis eurycaudatus* 正模 （IVPP V 18687）

归入标本 IVPP V 18632，一具近完整的骨架。产于辽宁凌源，下白垩统九佛堂组；现存于中国科学院古脊椎动物与古人类研究所。

鉴别特征 同属。

产地与层位 辽宁凌源，下白垩统九佛堂组。

评注 IVPP V 18632 最初报道时被归入鹏鸟未定种（*Pengornis* sp.；Hu et al., 2014）。Hu 等（2015）依据 IVPP V 18687 命名宽尾副鹏鸟时，将 IVPP V 18632 重新归入到该属种。

契氏鸟属 Genus *Chiappeavis* O'Connor, Wang, Zheng, Hu, Zhang et Zhou, 2016

模式种 巨前颌契氏鸟 *Chiappeavis magnapremaxillo* O'Connor, Wang, Zheng, Hu, Zhang et Zhou, 2016

鉴别特征 鹏鸟科成员，以如下特征组合区别于其他鹏鸟科成员：前上颌骨吻部的腹侧边缘向腹侧凸起，使得该部分较其他鹏鸟科成员粗大；前上颌骨鼻突几乎与额骨相接；愈合荐椎包括 7 节荐椎；胸骨中间梁的外边缘凹陷；胸骨后缘向后侧凸出；胫骨的近端关节面向外远侧倾斜。

中国已知种 仅模式种。

分布与时代 辽宁，早白垩世。

巨前颌契氏鸟 *Chiappeavis magnapremaxillo* O'Connor, Wang, Zheng, Hu, Zhang et Zhou, 2016

（图 35）

正模 STM 29-11，一具近完整的骨架。产于辽宁建昌，下白垩统九佛堂组；现存于山东省天宇自然博物馆。

鉴别特征 同属。

产地与层位 辽宁建昌，下白垩统九佛堂组。

渤海鸟科 Family Bohaiornithidae Wang, Zhou, O'Connor et Zelenkov, 2014

模式属 渤海鸟属 *Bohaiornis* Hu, Li, Hou et Xu, 2011

定义与分类 渤海鸟科是包括郭氏渤海鸟（*Bohaiornis guoi*）和孟氏神七鸟（*Shenqiornis mengi*）的最近共同祖先及全部后裔的类群。

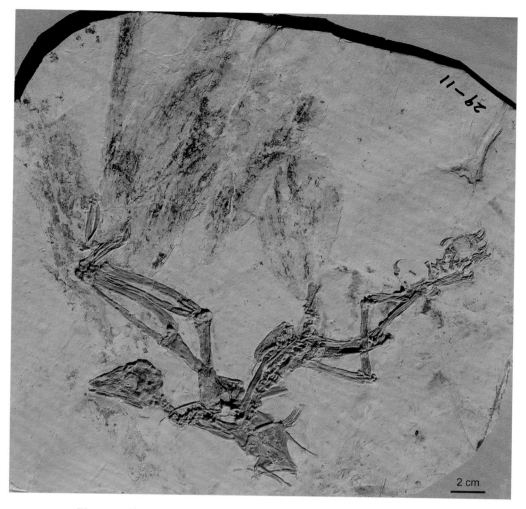

图 35　巨前颌契氏鸟 *Chiappeavis magnapremaxillo* 正模（STM 29-11）

鉴别特征　体型中等的反鸟类，具有如下的形态特征组合而区别于其他的反鸟类：吻端粗壮；牙齿粗大，近似锥形，齿冠迅速收缩变尖，其尖端略微向后弯曲；胸骨后侧的外侧梁向外侧强烈偏转；叉骨上升支的顶端膨大；肩胛骨的背侧边缘凸出而腹侧边缘直或略微凹陷；尾综骨向末端延伸时逐渐变细，没有在其他反鸟类上所见到的突然收缩；第二脚趾比其余脚趾粗壮；脚爪长，其第三脚趾爪节的长度超过跗跖骨长度的40%。

中国已知属　神七鸟属 *Shenqiornis* Wang, O'Connor, Zhao, Chiappe, Gao et Cheng, 2010，渤海鸟属 *Bohaiornis* Hu, Li, Hou et Xu, 2011，齿槽鸟属 *Sulcavis* O'Connor, Zhang, Chiappe, Meng, Li et Liu, 2013，周鸟属 *Zhouornis* Zhang, Chiappe, Han et Chinsamy, 2013，副渤海鸟属 *Parabohaiornis* Wang, Zhou, O'Connor et Zelenkov, 2014，长爪鸟属 *Longusunguis* Wang, Zhou, O'Connor et Zelenkov, 2014。共 6 属。

分布与时代　河北丰宁，辽宁建昌、朝阳，早白垩世。

评注　Wang M. 等（2014b）建立了渤海鸟科，基于详细的对比讨论和分支系统学研究，将此前报道的神七鸟属、渤海鸟属、齿槽鸟属和周鸟属，以及论文中命名的副渤海鸟属和长爪鸟属一起归入到渤海鸟科。之后的系统发育分析也证实了上述 6 个属种构成了一个单系类群（Hu et O'Connor, 2017；Wang M. et al., 2017a, b）。

渤海鸟属 Genus *Bohaiornis* Hu, Li, Hou et Xu, 2011

模式种　郭氏渤海鸟 *Bohaiornis guoi* Hu, Li, Hou et Xu, 2011

鉴别特征　渤海鸟科成员，以如下特征组合区别于其他渤海鸟科成员：吻部粗壮；牙齿大，齿冠迅速变尖并略微向后弯曲；颧骨末端不分叉，而向头骨顶侧弯曲；肩胛骨的肩峰突粗壮，膨大呈矩形，且其延伸方向与肩胛骨骨体近似平行；乌喙骨的外边缘仅在靠近胸骨关节面的部分向外侧突出；叉骨上升支的末端膨大；胸骨后缘后外侧梁的末端膨大呈三角形，胸骨剑状突的末端略微扩展；第三脚爪大。

词源　属名系我国"渤海"的音译。

中国已知种　仅模式种。

分布与时代　辽宁，早白垩世。

评注　Hu 等（2011）命名郭氏渤海鸟时，归纳了其鉴别特征；Li 等（2014b）依据新的归入标本对渤海鸟属的形态特征进行了补充。王敏（2014）重新修订了渤海鸟属的鉴别特征，本书将其罗列如上。

郭氏渤海鸟 *Bohaiornis guoi* Hu, Li, Hou et Xu, 2011

（图 36）

正模　LPM B 00167，一具近完整的骨架。产于辽宁建昌，下白垩统九佛堂组；现存于辽宁古生物博物馆。

归入标本　IVPP V 17963，一具近完整的骨架。产于辽宁建昌，下白垩统九佛堂组；现存于中国科学院古脊椎动物与古人类研究所。

鉴别特征　同属。

产地与层位　辽宁建昌，下白垩统九佛堂组。

评注　Hu 等（2011）命名郭氏渤海鸟时，认为该标本发现的层位是义县组。汪筱林等认为该化石层应当是九佛堂组，而比其时代更早的义县组在本地区并没有出露。

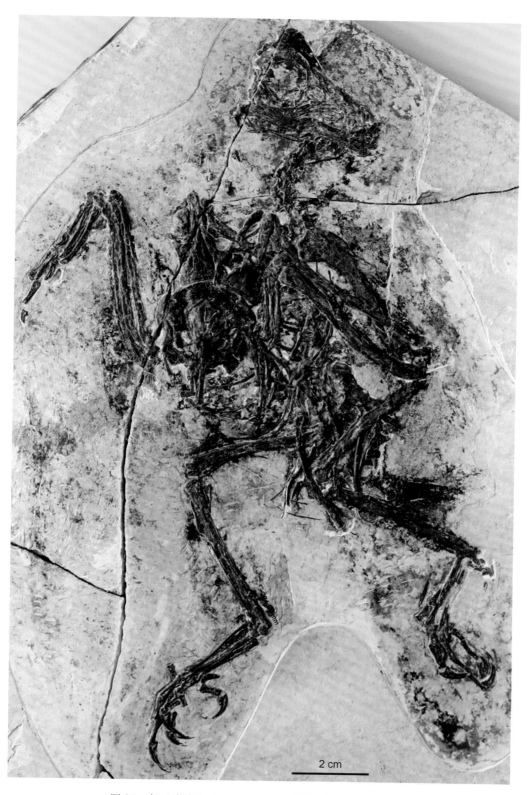

图 36 郭氏渤海鸟 *Bohaiornis guoi* 正模 （LPM B 00167）

神七鸟属 Genus *Shenqiornis* Wang, O'Connor, Zhao, Chiappe, Gao et Cheng, 2010

模式种 孟氏神七鸟 *Shenqiornis mengi* Wang, O'Connor, Zhao, Chiappe, Gao et Cheng, 2010

鉴别特征 渤海鸟科成员，以如下特征组合区别于其他渤海鸟科成员：牙齿粗大，齿冠迅速变尖细，并略微向后侧弯曲；鼻骨不发育上颌突；眶后骨呈 T 形且不与额骨愈合；叉骨上升支末端膨大；胸骨后缘外侧梁的末端膨大呈扇形；半月形腕骨后背侧发育结节。

词源 属名系神州七号航天飞船中文简称的音译。

中国已知种 仅模式种。

分布与时代 河北，早白垩世。

评注 Wang 等（2010）命名孟氏神七鸟时，归纳了其鉴别特征。王敏（2014）重新修订了该属的鉴别特征，本书将其罗列如上。

孟氏神七鸟 *Shenqiornis mengi* Wang, O'Connor, Zhao, Chiappe, Gao et Cheng, 2010
（图 37）

正模 DNHM D 2950，一具近完整的骨架。产于河北丰宁，下白垩统桥头组；现存于大连自然博物馆。

鉴别特征 同属。

产地与层位 河北丰宁，下白垩统桥头组。

评注 DNHM D 2950 标本产于河北省丰宁市森吉图地区的桥头组。Jin 等（2008）认为桥头组对应于义县组上部的大王杖子层。

齿槽鸟属 Genus *Sulcavis* O'Connor, Zhang, Chiappe, Meng, Li et Liu, 2013

模式种 格氏齿槽鸟 *Sulcavis geeorum* O'Connor, Zhang, Chiappe, Meng, Li et Liu, 2013

鉴别特征 渤海鸟科成员，以如下特征组合区别于其他渤海鸟科成员：牙齿粗大，齿冠尖细并向后略微弯曲；牙齿的唇面平滑，而舌面发育沟槽；鼻骨发育上颌突，该上颌突短并在向腹侧延伸时迅速变尖细；愈合荐椎上位于末端的椎弓横突向后侧偏转，超过对应椎体的后关节面；乌喙骨外边缘凸出，乌喙骨胸骨端的内角扩展；叉骨上升支的末端膨大；小翼指爪节大于大手指的爪节；第二脚趾粗壮。

中国已知种 仅模式种。

分布与时代 辽宁西部，早白垩世。

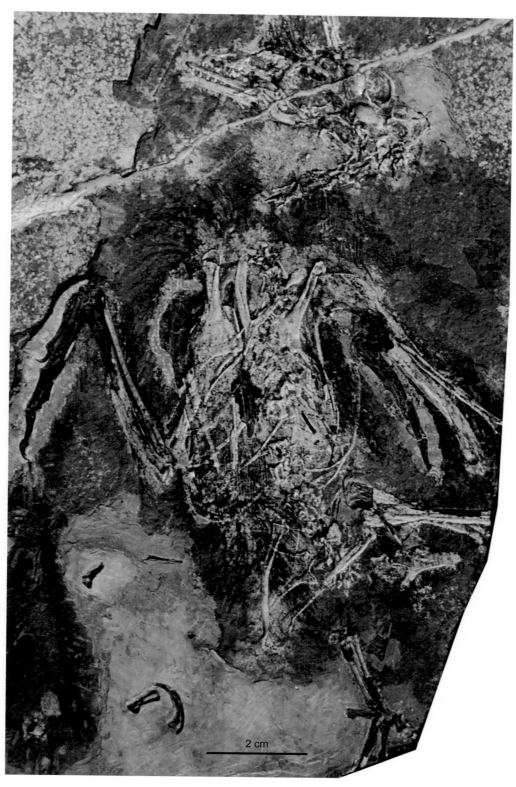

图 37　孟氏神七鸟 *Shenqiornis mengi* 正模（DNHM D 2950）

格氏齿槽鸟 *Sulcavis geeorum* O'Connor, Zhang, Chiappe, Meng, Li et Liu, 2013

（图 38）

正模　BMNH ph 000805，一具近完整的骨架，但缺失胸骨。产于辽宁建昌喇嘛洞，下白垩统九佛堂组；现存于北京自然博物馆。

图 38　格氏齿槽鸟 *Sulcavis geeorum* 正模（BMNH ph 000805）

鉴别特征　同属。

产地与层位　辽宁建昌，下白垩统九佛堂组。

评注　O'Connor 等（2013）命名格氏齿槽鸟时，认为 BMNH ph 000805 产于义县组。汪筱林等认为该化石层应当是九佛堂组，而比其时代更早的义县组在本地区并没有出露。

周鸟属 Genus *Zhouornis* Zhang, Chiappe, Han et Chinsamy, 2013

模式种　韩氏周鸟 *Zhouornis hani* Zhang, Chiappe, Han et Chinsamy, 2013

鉴别特征　渤海鸟科成员，以如下特征组合区别于其他渤海鸟科成员：前上颌骨的上颌突末端呈双分叉结构；上颌骨背突基部具一个上颌窗；副枕骨突和基蝶骨突长；肩胛骨骨体弯曲，乌喙骨背面靠近内边缘的位置发育一个纵向的凹陷；胸骨前外侧边缘呈角状，胸骨后缘的外侧梁末端呈三角形膨大，该三角形膨大的内角要比外角尖锐；肱骨近端面平直。

中国已知种　仅模式种。

分布与时代　辽宁西部，早白垩世。

韩氏周鸟 *Zhouornis hani* Zhang, Chiappe, Han et Chinsamy, 2013

（图 39）

正模　CNUVB 0903，一具近完整的骨架。产于辽宁朝阳，下白垩统；现存于首都师范大学。

归入标本　BMNHC ph 756，一具近完整的骨架。产于辽宁朝阳，下白垩统九佛堂组；现存于北京自然博物馆。

鉴别特征　同属。

产地与层位　辽宁朝阳，下白垩统，疑似九佛堂组。

评注　Zhang 等（2013）命名韩氏周鸟时，认为 CNUVB 0903 产出的层位可能是九佛堂组。由于缺乏足够的信息，层位信息存疑。Zhang 等（2014）将 BMNHC ph 756 归入韩氏周鸟，说明该标本产于辽宁朝阳，下白垩统九佛堂组。

副渤海鸟属 Genus *Parabohaiornis* Wang, Zhou, O'Connor et Zelenkov, 2014

模式种　马氏副渤海鸟 *Parabohaiornis martini* Wang, Zhou, O'Connor et Zelenkov, 2014

鉴别特征　渤海鸟科成员，以如下特征组合区别于其他渤海鸟科成员：前上颌骨具 3 颗牙齿，上颌骨具 4 颗牙齿；鼻骨不发育上颌突；胫跗骨远端内、外髁之间不发育

图 39　韩氏周鸟 *Zhouornis hani* 正模模型（IVPP CV 1971）

髁间凹槽；肩胛骨肩峰突延伸的方向与肩胛骨骨体平行；尾综骨与第三蹠骨长度的比值为 0.92–0.99；第四脚趾第一趾节长度不到第四趾节长度的 70%，该值小于渤海鸟科的其他成员。

中国已知种 仅模式种。

分布与时代 中国，早白垩世。

马氏副渤海鸟 *Parabohaiornis martini* Wang, Zhou, O'Connor et Zelenkov, 2014

（图 40）

正模 IVPP V 18691，一具近完整的骨架。产于辽宁建昌，下白垩统；现存于中国科学院古脊椎动物与古人类研究所。

归入标本 IVPP V 18690，一具不完整的骨架，缺失头骨和部分前肢。产于辽宁建昌，下白垩统；现存于中国科学院古脊椎动物与古人类研究所。

鉴别特征 同属。

产地与层位 辽宁建昌，下白垩统九佛堂组。

长爪鸟属 Genus *Longusunguis* Wang, Zhou, O'Connor et Zelenkov, 2014

模式种 库氏长爪鸟 *Longusunguis kurochkini* Wang, Zhou, O'Connor et Zelenkov, 2014

鉴别特征 渤海鸟科成员，以如下特征组合区别于其他渤海鸟科成员：上颌骨的颧骨突具一孔洞；泪骨下降支的后边缘凹陷；乌喙骨外边缘的凸出程度大于其他渤海鸟类；肩峰突强烈向肩胛骨的背侧突出；尾综骨长度超过跗蹠骨。

中国已知种 仅模式种。

分布与时代 辽宁，早白垩世。

库氏长爪鸟 *Longusunguis kurochkini* Wang, Zhou, O'Connor et Zelenkov, 2014

（图 41）

正模 IVPP V 17964，一具近完整的骨架。产于辽宁建昌，下白垩统；现存于中国科学院古脊椎动物与古人类研究所。

鉴别特征 同属。

产地与层位 辽宁建昌，下白垩统九佛堂组。

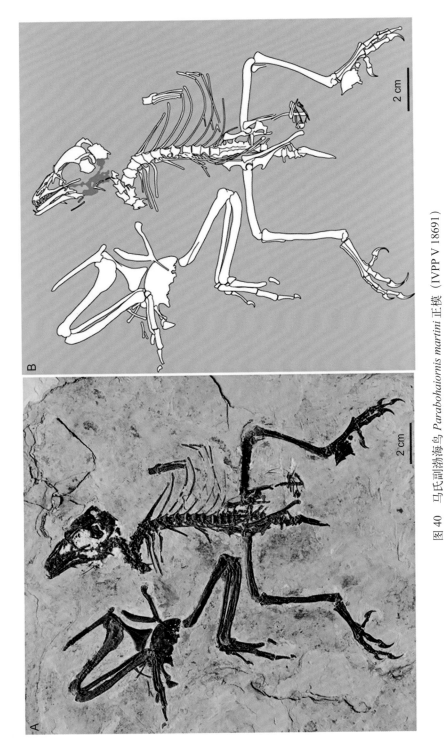

图 40　马氏副渤海鸟 *Parabohaiornis martini* 正模（IVPP V 18691）

A. 照片；B. 线条图

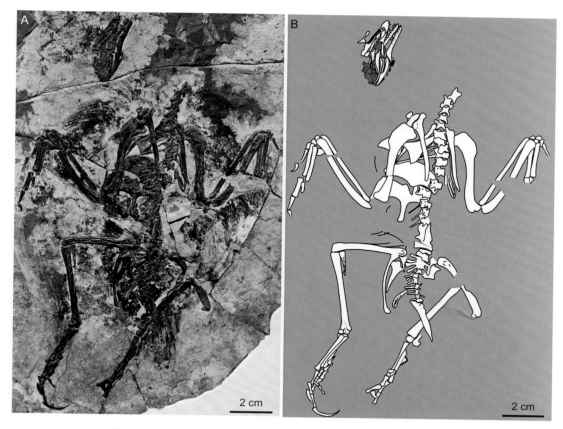

图41 库氏长爪鸟 *Longusunguis kurochkini* 正模（IVPP V 17964）

A. 照片；B. 线条图

反鸟类分类位置不明 Enantiornithes incertae sedis

中国鸟属 Genus *Sinornis* Sereno et Rao, 1992

模式种 三塔中国鸟 *Sinornis santensis* Sereno et Rao, 1992

鉴别特征 一类小型的反鸟类，具有如下特征组合：小手指的第一指节较长；大手指的爪节大于小翼指的爪节；尺腕骨呈三角形，掌骨切迹深且窄；髂骨的髋臼后部向腹侧强烈弯曲。

中国已知种 仅模式种。

分布与时代 辽宁，早白垩世。

三塔中国鸟 *Sinornis santensis* Sereno et Rao, 1992

（图 42）

正模 BMNH BPV 538，一具不完整的骨架，缺失大部分头骨、肩带和胸骨。产于辽宁朝阳，下白垩统九佛堂组；现存于北京自然博物馆。

鉴别特征 同属。

产地与层位 辽宁朝阳，下白垩统九佛堂组。

评注 三塔中国鸟几乎与燕都华夏鸟同一时间发表，所以这两个属种在命名时没有进行相互比较。两个属种的正模保存均不完整，可对比的骨骼较少。Sereno 等（2002）认为两个属种属于同物异名，但之后的研究证实了二者在腕掌骨、手指、髂骨的形态上具有差异，均属于有效属种（O'Connor et Dyke, 2010；Wang et Liu, 2016）。

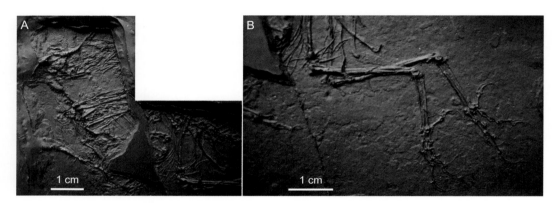

图 42 三塔中国鸟 *Sinornis santensis* 正模（BMNH BPV 538）模型照片
A. 头部和肩带；B. 后肢

侯鸟属 Genus *Houornis* (Hou, 1997) Wang et Liu, 2016

模式种 有尾侯鸟 *Houornis caudatus* (Hou, 1997) Wang et Liu, 2016

鉴别特征 一类小型的反鸟类，具有如下特征组合：胸骨发育胸骨柄，胸骨外侧边缘凹陷；胸骨外侧梁末端膨大呈扇形；髂骨的耻骨柄与坐骨柄等长；髂骨的耻骨柄向后弯曲；髂骨的髋臼后部略微向腹侧弯曲；尾综骨长度超过跗蹠骨；第四蹠骨宽度不及第三蹠骨宽度的一半；第二和第三蹠骨的末端向内侧弯曲。

中国已知种 仅模式种。

分布与时代 辽宁，早白垩世。

有尾侯鸟 *Houornis caudatus* (Hou, 1997) Wang et Liu, 2016

（图 43）

正模　IVPP V 10917，一具近完整的骨架。产于辽宁朝阳，下白垩统九佛堂组；现存于中国科学院古脊椎动物与古人类研究所。

归入标本　IVPP V 10533，一具不完整的骨架。包括了腰带、尾综骨、愈合荐椎和后肢。产于辽宁朝阳，下白垩统九佛堂组；现存于中国科学院古脊椎动物与古人类研究所。

鉴别特征　同属。

产地与层位　辽宁朝阳，下白垩统九佛堂组。

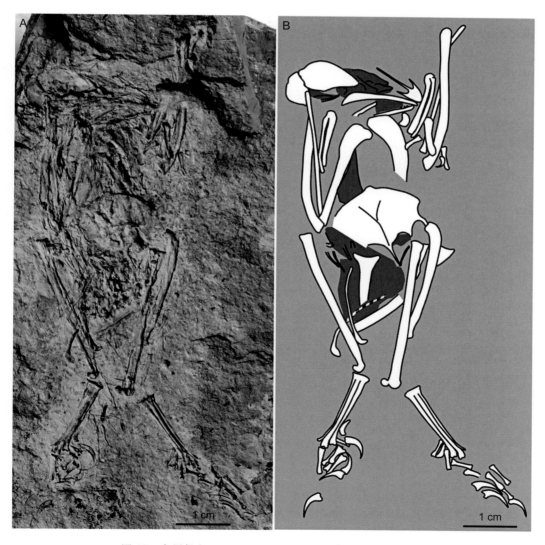

图 43　有尾侯鸟 *Houornis caudatus* 正模 （IVPP V 10917）

A. 照片；B. 线条图

评注　侯连海（1997）将 IVPP V 10917 命名为有尾华夏鸟（*Cathayornis caudatus*），归纳的最重要的鉴别特征是尾综骨没有完全愈合。Li J. J. 等（2008）认为有尾华夏鸟属于燕都华夏鸟的同物异名。Wang 和 Liu（2016）对 IVPP V 10917 的再研究发现，侯连海（1997）描述的"没有愈合的尾综骨"其实是 4 节自由尾椎，而 IVPP V 10917 的尾综骨已经完全愈合，保存在上述几节自由尾椎的上方。Wang 和 Liu（2016）提出 IVPP V 10917 具有区别于其他反鸟类的胸骨和后肢形态，并且不属于华夏鸟属，所以其属名无效，保留其种名，将 IVPP V 10917 命名为有尾侯鸟（*Houornis caudatus*）。

始华夏鸟属 Genus *Eocathayornis* Zhou, 2002

模式种　沃氏始华夏鸟 *Eocathayornis walkeri* Zhou, 2002

鉴别特征　胸骨发育胸骨柄和前外侧突；胸骨外侧梁末端膨大呈扇形，其末端延伸程度与剑状突相当；胸骨外侧边缘靠近外侧梁的位置发育外侧突；剑状突末端钝状；胸骨中间梁微弱发育；肩胛骨的肩峰突向前延伸时变得尖细。

中国已知种　仅模式种。

分布与时代　辽宁，早白垩世。

评注　Zhou（2002）将始华夏鸟属归入到华夏鸟科，华夏鸟属。Wang 和 Liu（2016）对华夏鸟科进行了厘定，系统发育分析的结果不支持始华夏鸟属与华夏鸟属构成单系类群。

沃氏始华夏鸟 *Eocathayornis walkeri* Zhou, 2002

（图 44）

正模　IVPP V 10916，一具不完整的骨架，缺失后肢和腰带。产于辽宁朝阳，下白垩统九佛堂组；现存于中国科学院古脊椎动物与古人类研究所。

鉴别特征　同属。

产地与层位　辽宁朝阳，下白垩统九佛堂组。

细弱鸟属 Genus *Vescornis* Zhang, Ericson et Zhou, 2004

模式种　河北细弱鸟 *Vescornis hebeiensis* Zhang, Ericson et Zhou, 2004

鉴别特征　个体相对较小，小翼指的第一指节纤细，长度和宽度不及大掌骨的一半；小翼指和大手指的爪节短小；乌喙骨纤细，长度是宽度的 3 倍。

中国已知种　仅模式种。

图 44　沃氏始华夏鸟 *Eocathayornis walkeri* 正模（IVPP V 10916）

分布与时代　河北丰宁，早白垩世。

河北细弱鸟 *Vescornis hebeiensis* Zhang, Ericson et Zhou, 2004
（图 45）

Hebeiornis fengningensis：徐桂林等，1999，446 页，图 2

正模　NIGP 130722，一具近完整的骨架。产于河北丰宁森吉图盆地，下白垩统花吉营组；现存于中国科学院南京地质古生物研究所。

鉴别特征　同属。

产地与层位　河北丰宁，下白垩统花吉营组。

评注　河北细弱鸟的正模是由徐桂林等（1999）首次报道，并命名为丰宁河北鸟

（*Hebeiornis fengningensis*），但是其文章中并没有说明该属种的鉴别特征，也未说明它的标本号和馆藏地点。之后，该化石转移到中国科学院南京地质古生物研究所，标本号为NIGP 130722；Zhang 等（2004）对其进行了系统描述，并命名为河北细弱鸟。Li J. L. 等（2008）认为丰宁河北鸟属于无效命名，而河北细弱鸟已被后来的研究广泛引用，为有效名称。本书同意此观点。

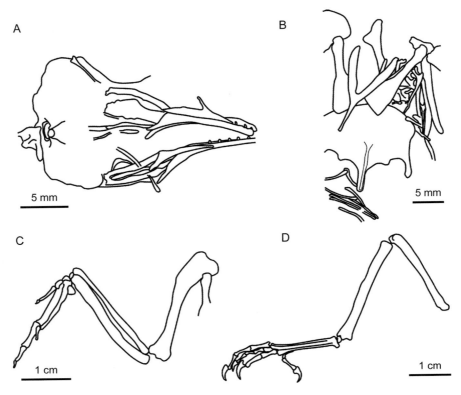

图 45 河北细弱鸟 *Vescornis hebeiensis* 正模（NIGP 130722）线条图
A. 头部；B. 肩带；C. 前肢；D. 后肢（改自 Zhang et al., 2004）

大平房鸟属 Genus *Dapingfangornis* Li, Ye, Duan, Hu, Wang, Cheng et Hou, 2006

模式种 棘鼻大平房鸟 *Dapingfangornis sentisorhinus* Li, Ye, Duan, Hu, Wang, Cheng et Hou, 2006

鉴别特征 个体较小的反鸟类，具有如下特征组合：齿骨后半部分的腹侧边缘凹陷；叉骨上升支的近端向背侧膨大；胸骨龙骨突的近端不分叉；胸骨内侧突发达，并向内侧强烈弯曲；肱骨三角肌脊近矩形，其宽度不及肱骨；掌骨间隙狭窄；大手指的爪节大于小翼指的爪节；胫跗骨内髁的内侧面具一深窝；第三蹠骨滑车的内边缘向远端延伸程度超过外边缘；第一脚趾的爪节大于其他脚趾的爪节。

词源 属名系模式种所在化石地点的音译。

中国已知种 仅模式种。

分布与时代 辽宁朝阳，早白垩世。

棘鼻大平房鸟 *Dapingfangornis sentisorhinus* Li, Ye, Duan, Hu, Wang, Cheng et Hou, 2006

（图 46）

正模 LPM 00039，一具近完整的骨架。产于辽宁朝阳大平房镇，下白垩统九佛堂组；现存于沈阳师范大学。

鉴别特征 同属。

图 46 棘鼻大平房鸟 *Dapingfangornis sentisorhinus* 正模（LPM 00039）

产地与层位　辽宁朝阳大平房镇，下白垩统九佛堂组。

评注　Li 等（2006）命名了棘鼻大平房鸟，并列出其鉴别特征。O'Connor（2009）认为原文所列特征有误，而重新归纳了该属种的鉴别特征，本书同意此观点，并在此基础上进行了修改。

副原羽鸟属 Genus *Paraprotopteryx* Zheng, Zhang et Hou, 2007

模式种　美丽副原羽鸟 *Paraprotopteryx gracilis* Zheng, Zhang et Hou, 2007

鉴别特征　肱骨三角肌脊宽度不超过肱骨；小翼指末端略微超过大掌骨的远端；小翼指的爪节大于其他手指的爪节；腕掌骨和大手指的长度之和与肱骨相近；具有 4 根羽片状尾羽。

中国已知种　仅模式种。

图 47　美丽副原羽鸟 *Paraprotopteryx gracilis* 正模（STM V 001）（引自 Zheng et al., 2007）

分布与时代　河北丰宁四岔口，早白垩世。

美丽副原羽鸟 *Paraprotopteryx gracilis* Zheng, Zhang et Hou, 2007
（图 47）

正模　STM V 001，一具近完整的骨架。产于河北丰宁四岔口盆地，下白垩统花吉营组；现存于山东省天宇自然博物馆。

鉴别特征　同属。

产地与层位　河北丰宁四岔口盆地，下白垩统花吉营组。

评注　Zheng 等（2007）命名了美丽副原羽鸟，O'Connor（2009）认为原文归纳的特征多为反鸟类常见，因此对其鉴别特征进行了修正，本书同意此观点，将其中的内容罗列如上。

祁连鸟属 Genus *Qiliania* Ji, Atterholt, O'Connor, Lamanna, Harris, Li, You et Dodson, 2011

模式种　格氏祁连鸟 *Qiliania graffini* Ji, Atterholt, O'Connor, Lamanna, Harris, Li, You et Dodson, 2011

鉴别特征　具有如下特征组合：耻骨从末端 1/4 处开始向腹侧弯曲；胫跗骨细长，胫跗骨中段的宽度不及胫跗骨长度的 1/20，胫跗骨与股骨长度比值为 1.33；胫跗骨近端的股骨关节面为前后方向伸长的方形，发育一个胫前脊；外髁外侧面具一深窝，内上髁具一深窝，外上髁具一浅窝；腓骨与胫跗骨愈合；跗蹠骨细长，长度约为胫跗骨长度的 63%；跗蹠骨的后侧面凹陷；脚趾角质鞘近乎直，第四脚趾爪节小于其他脚趾的爪节。

词源　属名系中国西部的地标性山脉——祁连山的音译，位于化石点昌马盆地的南部。

中国已知种　仅模式种。

分布与时代　甘肃昌马，早白垩世。

格氏祁连鸟 *Qiliania graffini* Ji, Atterholt, O'Connor, Lamanna, Harris, Li, You et Dodson, 2011
（图 48）

正模　FRDC-05-CM-006，一具不完整的骨架，包括部分腰带和完整的左侧后肢。产于甘肃昌马盆地，下白垩统下沟组；现存于中国科学院古脊椎动物与古人类研究所。

归入标本　FRDC-04-CM-006，一具不完整的骨架，包括了不完整右侧后肢。产于甘肃昌马盆地，下白垩统下沟组；现存于中国科学院古脊椎动物与古人类研究所。

鉴别特征　同属。

产地与层位　甘肃昌马盆地，下白垩统下沟组。

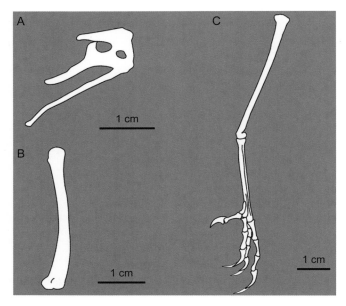

图48　格氏祁连鸟 *Qiliania graffini* 正模（FRDC-05-CM-006）线条图
A. 左侧腰带；B. 左股骨；C. 左胫跗骨、跗蹠骨和足

翔鸟属 Genus *Xiangornis* Hu, Xu, Hou et Sullivan, 2012

模式种　神秘翔鸟 *Xiangornis shenmi* Hu, Xu, Hou et Sullivan, 2012

鉴别特征　翔鸟属是一类个体较大的反鸟类，以如下特征组合区别于其他反鸟类：肱骨头向近端突起；腕掌骨较长，其长度超过乌喙骨；掌骨间隙近端远未及与小翼掌骨末端相当的位置；小翼掌骨长度约为腕掌骨长度的1/6；小翼掌骨伸肌突发育，小翼掌骨内边缘中段具一突起。

中国已知种　仅模式种。

分布与时代　辽宁朝阳，早白垩世。

神秘翔鸟 *Xiangornis shenmi* Hu, Xu, Hou et Sullivan, 2012

（图49）

正模　PMOL-AB00245，一具不完整的骨架，包括了叉骨、右侧乌喙骨、左侧腕掌骨、左侧小翼指的第一指节、胸骨前缘部分、左侧肱骨近端、左侧尺骨和桡骨的远端。产于辽宁朝阳，下白垩统九佛堂组；现存于辽宁古生物博物馆。

鉴别特征 同属。

词源 属名系中文"翔"的音译，种名系中文"神秘"的音译。

产地与层位 辽宁朝阳，下白垩统九佛堂组。

评注 Hu 等（2012）命名神秘翔鸟时归纳的特征还包括：乌喙骨具有向内侧弯曲的上乌喙突；大掌骨和小掌骨的近端和远端均愈合；小翼掌骨和大掌骨弯曲愈合。神秘翔鸟正模的乌喙骨近端，特别是喙状突压覆在叉骨上，有可能造成其向内弯曲的形态；腕掌骨保存差，掌骨间的愈合程度难以确认。受保存的影响，故本书认为这些鉴定特征存疑。

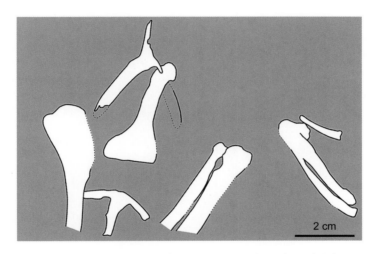

图 49 神秘翔鸟 *Xiangornis shenmi* 正模（PMOL-AB00245）线条图（改自 Hu et al., 2012）

飞天鸟属 Genus *Feitiania* O'Connor, Li, Lamanna, Wang, Harris, Atterholt et You, 2015

模式种 天堂飞天鸟 *Feitiania paradisi* O'Connor, Li, Lamanna, Wang, Harris, Atterholt et You, 2015

鉴别特征 一类个体偏小的反鸟类，具有如下的特征组合：胸椎椎体侧面具有浅窝；髂骨发育小的前臼窝；耻骨粗壮，整体弯曲，几乎不向后侧偏转，耻骨脚向背侧变细；坐骨呈微弱的 S 形，其近端的外侧面发育疑似供肌肉附着的脊；跗蹠骨的内侧掌突发育，而外侧掌突几乎不发育；倒数第二趾节是所在脚趾中最长的趾节；第二脚趾的第一和第二趾节腹背向压扁，而横向加宽；脚爪大，弯曲程度低，关节的角质鞘长且弯曲；尾羽由多种类型的羽毛构成。

中国已知种　仅模式种。

分布与时代　甘肃昌马，早白垩世。

天堂飞天鸟 *Feitiania paradisi* O'Connor, Li, Lamanna, Wang, Harris, Atterholt et You, 2015

（图 50）

正模　GSGM-05-CM-004，一具不完整的骨架，包括部分胸椎、愈合荐椎、腰带、尾椎、尾综骨、后肢。产于甘肃昌马盆地，下白垩统下沟组；现存于中国科学院古脊椎动物

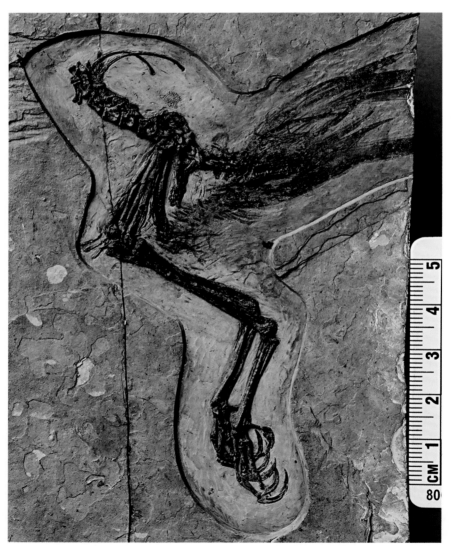

图 50　天堂飞天鸟 *Feitiania paradisi* 正模（GSGM-05-CM-004）

与古人类研究所。

鉴别特征　同属。

词源　属名系中文"飞天"的音译，种名指英文天堂的意思。

产地与层位　甘肃昌马盆地，下白垩统下沟组。

孤反鸟属 Genus *Monoenantiornis* Hu et O'Connor, 2017

模式种　四合当孤反鸟 *Monoenantiornis sihedangia* Hu et O'Connor, 2017

鉴别特征　一类个体中等的反鸟类，具有如下的特征组合：牙齿小，齿尖直且尖细；前上颌骨牙齿的舌面具有凹槽；胸骨的前缘窄而突出；胸骨的外侧梁向后外侧方向延伸，其末端不及剑状突末端向后延伸的程度；肩胛骨的叉骨关节面为宽大的三角形；乌喙骨外边缘从末端 1/2 处开始强烈突出；小掌骨末端超过大掌骨末端的部分约为后者长度的15%；胫跗骨具一个胫前脊，其延伸至胫跗骨近端的 1/3 处；第二脚趾粗爪，第四脚趾纤细。

中国已知种　仅模式种。

分布与时代　辽宁凌源，早白垩世。

四合当孤反鸟 *Monoenantiornis sihedangia* Hu et O'Connor, 2017

(图 51)

正模　IVPP V 20289，一具近完整的骨架。产于辽宁凌源，下白垩统义县组；现存于中国科学院古脊椎动物与古人类研究所。

鉴别特征　同属。

词源　属名系单一反鸟的意思，指正模为该地点发现的唯一反鸟，种名系正模化石地点。

产地与层位　辽宁凌源，下白垩统义县组。

微鸟属 Genus *Parvavis* Wang, Zhou et Xu, 2014

模式种　楚雄微鸟 *Parvavis chuxiongensis* Wang, Zhou et Xu, 2014

鉴别特征　具有如下特征组合：个体微小，肱骨长度不到 20 mm；第二和第四蹠骨短，其末端只延伸到第三蹠骨滑车的近端面；第二蹠骨滑车比第三蹠骨滑车宽；第四脚趾的爪节小于其他脚趾的爪节。

中国已知种　仅模式种。

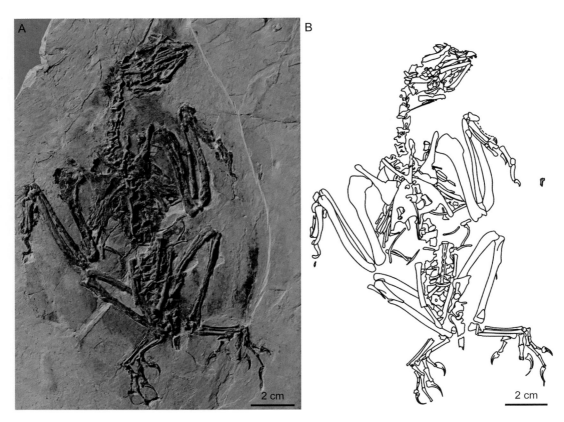

图 51　四合当孤反鸟 *Monoenantiornis sihedangia* 正模（IVPP V 20289）

A. 照片；B. 线条图

分布与时代　云南楚雄，晚白垩世。

楚雄微鸟 *Parvavis chuxiongensis* Wang, Zhou et Xu, 2014

（图 52）

正模　IVPP V 18586，一具不完整的骨架，包括部分枕区骨骼、部分前肢、尾椎、尾综骨和较完整的后肢。产于云南楚雄，上白垩统江底河组；现存于中国科学院古脊椎动物与古人类研究所。

鉴别特征　同属。

产地与层位　云南楚雄，上白垩统江底河组。

强壮爪鸟属 Genus *Fortunguavis* Wang, O'Connor et Zhou, 2014

模式种　肖台子强壮爪鸟 *Fortunguavis xiaotaizicus* Wang, O'Connor et Zhou, 2014

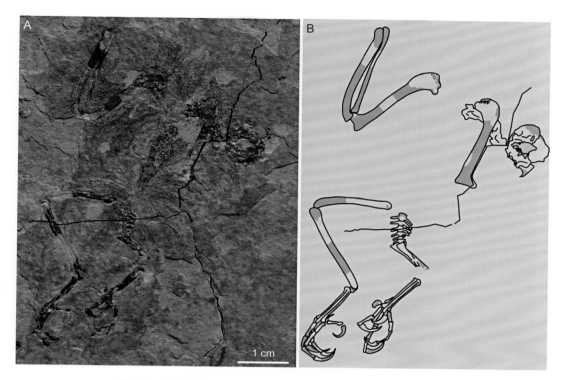

图 52 楚雄微鸟 *Parvavis chuxiongensis* 正模（IVPP V 18586）

A. 照片；B. 线条图

鉴别特征 为一类中等大小、骨骼粗壮的反鸟类，具有如下的特征组合：叉骨上升支在腹背向强烈弯曲；乌喙骨的外边缘略微向内侧凹陷；小翼指很发育并具有一大而强烈勾曲的爪节；耻骨末端耻骨脚很发育，并向背侧翻转；第二跖骨较短，其末端延伸程度不及第四跖骨滑车的近端关节面；脚趾趾节粗壮，发育强烈勾曲的脚爪。

中国已知种 仅模式种。

分布与时代 辽宁建昌，早白垩世。

肖台子强壮爪鸟 *Fortunguavis xiaotaizicus* Wang, O'Connor and Zhou, 2014

（图 53）

正模 IVPP V 18631，一具近完整的骨架。产于辽宁建昌肖台子，下白垩统九佛堂组；现存于中国科学院古脊椎动物与古人类研究所。

鉴别特征 同属。

词源 种名系正模化石地点的音译。

产地与层位 辽宁建昌肖台子，下白垩统九佛堂组。

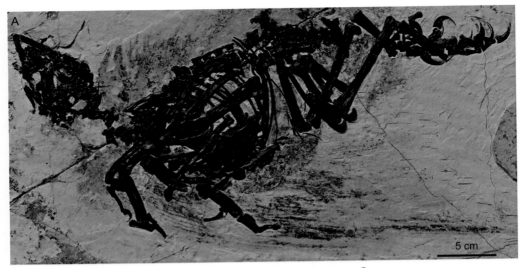

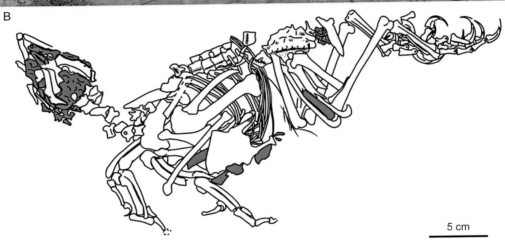

图 53　肖台子强壮爪鸟 *Fortunguavis xiaotaizicus* 正模（IVPP V 18631）
A. 照片；B. 线条图

敦煌鸟属 Genus *Dunhuangia* Wang, Li, O'Connor, Zhou et You, 2015

模式种　崔氏敦煌鸟 *Dunhuangia cuii* Wang, Li, O'Connor, Zhou et You, 2015

鉴别特征　一类中等大小的反鸟类，具有如下自有裔征：胸骨外侧梁的长度是胸骨长度的一半以上；乌喙骨远端的外侧边缘在内外侧方向加宽而呈脊状。敦煌鸟属还以如下特征组合区别于其他的反鸟类：乌喙骨近端没有上乌喙神经孔；乌喙骨近端的背面发育一个纵向凹陷；肩胛骨弯曲；小翼指短，其末端远未延伸至与大掌骨末端相当的位置；大手指的第一指节的腹面发育一条纵脊。

中国已知种　仅模式种。

分布与时代　甘肃昌马，早白垩世。

崔氏敦煌鸟 *Dunhuangia cuii* Wang, Li, O'Connor, Zhou et You, 2015
（图 54）

正模 GSGM-05-CM-030，一具不完整的骨架，包括肩带、胸骨和前肢。产于甘肃昌马盆地，下白垩统下沟组；现存于中国科学院古脊椎动物与古人类研究所。

鉴别特征 同属。

产地与层位 甘肃昌马盆地，下白垩统下沟组。

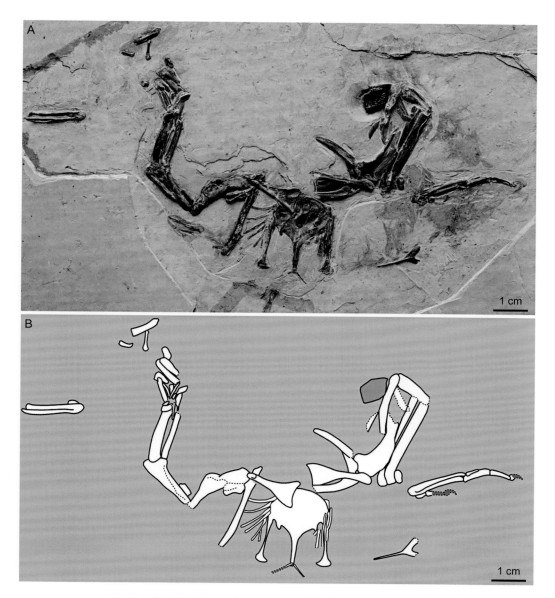

图 54 崔氏敦煌鸟 *Dunhuangia cuii* 正模（GSGM-05-CM-030）
A. 照片；B. 线条图

翼鸟属 Genus *Pterygornis* Wang, Hu et Li, 2016

模式种 大平房翼鸟 *Pterygornis dapingfangensis* Wang, Hu et Li, 2016

鉴别特征 一类个体偏小的反鸟类，具有如下的特征组合：前上颌骨具一孔洞；前上颌骨牙齿有 5 颗；上隔骨吻端形成向腹侧倾斜的边缘，而区别于其他反鸟类中向背侧倾斜的形态；乌喙骨近端向内侧弯曲；胸骨发育外胸骨柄和一对前外侧突；胸骨外侧梁的末端膨大呈扇形，其末端延伸程度与剑状突相当；叉骨突长度接近叉骨上升支长度的 70%；小翼掌骨和大掌骨愈合完全；髂骨、耻骨和坐骨在髋臼处愈合；第二蹠骨滑车发育屈戌关节以关联脚趾，该屈戌关节的后表面的关节凹较宽。

中国已知种 仅模式种。

图 55 大平房翼鸟 *Pterygornis dapingfangensis* 正模（IVPP V 20729）

分布与时代 辽宁朝阳、建昌，早白垩世。

评注 Wang M. 等（2016a）根据一具不完整且骨骼分散保存的标本命名了大平房翼鸟；之后，Wang M. 等（2017a）描述了一具近完整的骨架，将其归入大平房翼鸟，并重新归纳了该属种的鉴别特征，本书将其罗列如上。

大平房翼鸟 *Pterygornis dapingfangensis* Wang, Hu et Li, 2016

（图 55）

正模 IVPP V 20729，一具不完整的骨架，包括部分头骨和头后骨骼，缺失腰带。产于辽宁朝阳，下白垩统九佛堂组；现存于中国科学院古脊椎动物与古人类研究所。

归入标本 IVPP V 16363，一具近完整的骨架。产于辽宁建昌，下白垩统九佛堂组；现存于中国科学院古脊椎动物与古人类研究所。

鉴别特征 同属。

产地与层位 辽宁朝阳、建昌，下白垩统九佛堂组。

食鱼反鸟属 Genus *Piscivorenantiornis* Wang et Zhou, 2017

模式种 奇异食鱼反鸟 *Piscivorenantiornis inusitatus* Wang et Zhou, 2017

鉴别特征 一类个体偏小的反鸟类，具有如下的自有衍征：位置靠后的颈椎的前关节面在背腹方向凹陷，在内外方向突出；髂骨髋臼前部的腹侧边缘近乎平直。食鱼反鸟属还以如下特征组合区别于其他的反鸟类：胸骨发育一对前外侧突，左、右乌喙骨关节面分隔较远；胸骨外侧梁末端膨大呈三角形，其末端延伸程度与剑状突相当；髂骨内面发育上髋臼结节；耻骨脚的末端向背侧强烈弯曲。

中国已知种 仅模式种。

分布与时代 辽宁朝阳，早白垩世。

评注 奇异食鱼反鸟的正模由 Wang M. 等（2016c）首次报道，主要讨论了其保存的食团化石，而骨骼形态仅做简要描述，且并未建立属种名。Wang 和 Zhou（2017b）对该标本进行了系统描述和命名。

奇异食鱼反鸟 *Piscivorenantiornis inusitatus* Wang et Zhou, 2017

（图 56）

正模 IVPP V 22582，一具不完整的骨架，缺失了头骨、尾综骨和脚趾。产于辽宁朝阳，下白垩统九佛堂组；现存于中国科学院古脊椎动物与古人类研究所。

鉴别特征 同属。

产地与层位 辽宁朝阳，下白垩统九佛堂组。

评注 奇异食鱼反鸟的正模保存了一个由鱼类骨骼构成的食团，代表了目前已知最古老的鸟类食团化石记录（Wang M. et al., 2016c）。

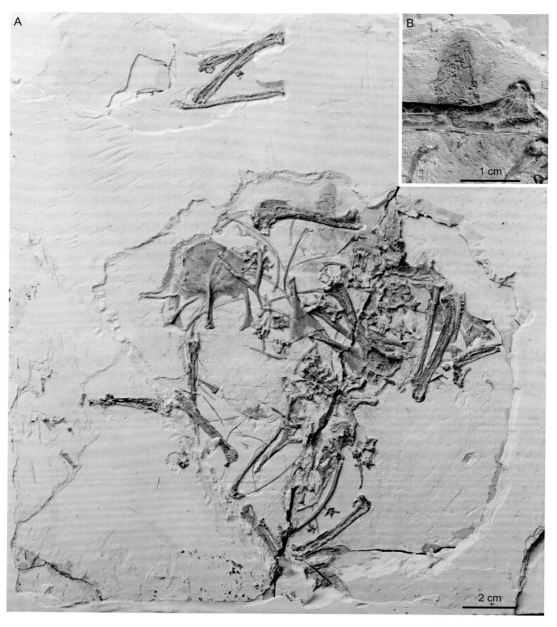

图 56　奇异食鱼反鸟 *Piscivorenantiornis inusitatus* 正模（IVPP V 22582）

A. 骨架；B. 食团

临沂鸟属 Genus *Linyiornis* Wang, Wang, O'Connor, Wang, Zheng et Zhou, 2016

模式种 美丽临沂鸟 *Linyiornis amoena* Wang, Wang, O'Connor, Wang, Zheng et Zhou, 2016

鉴别特征 一类个体中等的反鸟类，具有如下的特征组合：吻部粗壮，前上颌骨位于鼻孔之前的部分的高度和长度相当；肱骨二头肌脊发达，并强烈向前突出；肱骨二头肌脊上的肌肉附着窝宽大，位于二头肌脊的前远端；肩胛骨弯曲，末端钝状；股骨头内面不发育股骨头韧带窝。

词源 属名系山东省天宇自然博物馆所在地的中文音译。

中国已知种 仅模式种。

分布与时代 辽宁建昌，早白垩世。

美丽临沂鸟 *Linyiornis amoena* Wang, Wang, O'Connor, Wang, Zheng et Zhou, 2016

（图 57）

正模 STM 11-80，一具近完整的骨架。产于辽宁建昌，下白垩统九佛堂组；现存于山东省天宇自然博物馆。

鉴别特征 同属。

产地与层位 辽宁建昌，下白垩统九佛堂组。

胫羽鸟属 Genus *Cruralispennia* Wang, O'Connor, Pan et Zhou, 2017

模式种 多齿胫羽鸟 *Cruralispennia multidonta* Wang, O'Connor, Pan et Zhou, 2017

鉴别特征 一类个体偏小的反鸟类，具有如下的特征组合：齿骨牙齿多达 14 颗；尾综骨短小呈犁状，其长度约为跗蹠骨长度的 28%；胸骨后边缘呈 V 形，胸骨发育一对外侧梁和一对中间梁；手部长度小于肱骨长度；髂骨髋臼后部向腹侧强烈弯曲；坐骨的背突的位置相对靠后；耻骨末端不膨大。

中国已知种 仅模式种。

分布与时代 河北丰宁，早白垩世。

多齿胫羽鸟 *Cruralispennia multidonta* Wang, O'Connor, Pan et Zhou, 2017

（图 58）

正模 IVPP V 21711，一具近完整的骨架。产于河北丰宁四岔口盆地，下白垩统花吉营组；现存于中国科学院古脊椎动物与古人类研究所。

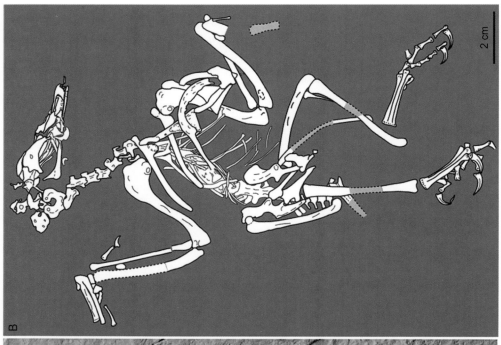

图 57 美丽临沂鸟 *Linyiornis amoena* 正模（STM 11-80）

A. 照片；B. 线条图

图 58　多齿胫羽鸟 *Cruralispennia multidonta* 正模（IVPP V 21711）

A. 照片；B. 线条图

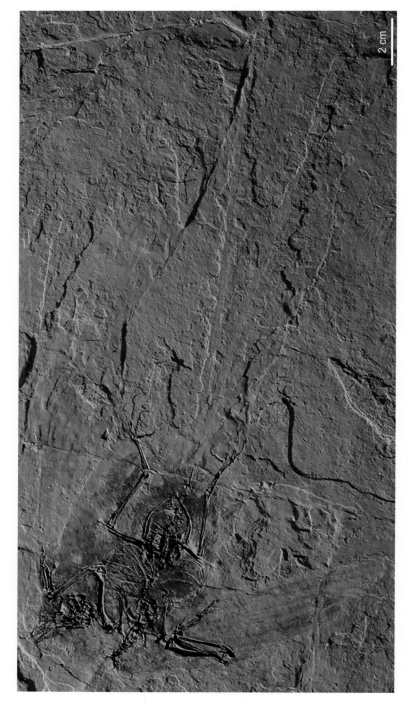

图 59　侯氏俊鸟 *Junornis houi* 正模（BMNHC-PH 919）

鉴别特征　同属。

产地与层位　河北丰宁四岔口盆地，下白垩统花吉营组。

俊鸟属 Genus *Junornis* Liu, Chiappe, Serrano, Habib, Zhang et Meng, 2017

模式种　侯氏俊鸟 *Junornis houi* Liu, Chiappe, Serrano, Habib, Zhang et Meng, 2017

鉴别特征　一类个体偏小的反鸟类，具有如下的特征组合：胸骨前外侧边缘较圆滑；胸骨腹侧面具一明显的纵凹；胸骨外侧梁较粗，向后外侧延伸，末端膨大呈三角形；胸骨内中间梁延伸至外侧梁中段；剑状突与外侧梁向远端延伸程度相当；倒数第三和第二节荐椎的椎弓横突长度是最后一节荐椎椎弓横突宽度的 3 倍；腰带较宽。

词源　属名系中文"俊"的音译。

中国已知种　仅模式种。

分布与时代　内蒙古宁城，早白垩世。

侯氏俊鸟 *Junornis houi* Liu, Chiappe, Serrano, Habib, Zhang et Meng, 2017

（图 59）

正模　BMNHC-PH 919，一具近完整的骨架。产于内蒙古宁城，下白垩统义县组；现存于北京自然博物馆。

鉴别特征　同属。

产地与层位　内蒙古宁城，下白垩统义县组。

辽西鸟属？ Genus *Liaoxiornis* Hou et Chen, 1999 ？

？娇小辽西鸟 *?Liaoxiornis delicatus* Hou et Chen, 1999

（图 60）

标本　NIGP-130723 和 GMV-2156，一具近完整的骨架。产于辽宁凌源，下白垩统义县组。

鉴别特征　个体小，头高而短，颌骨具多颗牙齿，肱骨近端不向内勾曲，胸骨小且呈银杏叶片状，具低的龙骨突。坐骨无横向突起，耻骨突短，股骨较肱骨长，趾骨和脚爪长度之和超过跗蹠骨长度。

词源　属名系正模化石地点的音译。

产地与层位　辽宁凌源，下白垩统义县组。

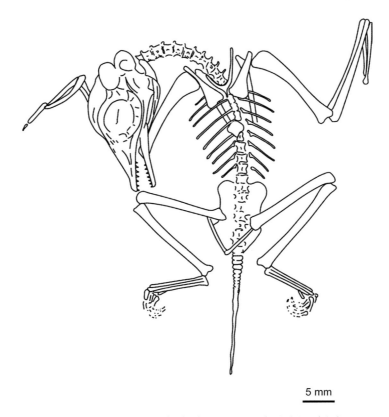

5 mm

图 60　? 娇小辽西鸟 ?*Liaoxiornis delicatus* 标本（NIGP-130723）线条图（改自 Li J. L. et al., 2008）

评注　娇小辽西鸟保存在对开的两块石板上，分别编号为 NIGP-130723（现存于中国科学院南京地质古生物研究所）和 GMV-2156（现存于中国地质博物馆）。侯连海和陈丕基（1999）根据 NIGP-130723 命名了娇小辽西鸟；季强和姬书安（1999）则依据 GMV-2156 命名了小凌源鸟（*Lingyuanornis parvus*）。Chiappe 等（2007）认为 NIGP-130723 和 GMV-2156 为幼年个体，其保存的骨骼形态受个体发育的影响，认为该属种不能确定，属于无效命名。

冀北鸟属?　**Genus *Jibeinia* Hou, 1997 ?**

? 滦河冀北鸟　**?*Jibeinia luanhera* Hou, 1997**

（图 61）

标本　GH 001，一具不完整的骨架。产于河北丰宁，下白垩统花吉营组中部；已丢失。
鉴别特征　个体较小；上颌具有锋利的牙齿；胸骨发育，有长的剑状突；腕掌骨不愈合，有三个指爪。

词源　属名系河北北部——冀北的音译，种名系正模出土地点北部的一条河流——滦河的音译。

产地与层位　河北丰宁，下白垩统花吉营组中部。

评注　冀北滦河鸟的中文名字首次出现于一本中文图书（侯连海，1997），而其拉丁名仅出现在该书插图的图例说明中，并未在中文描述中提到；之后，滦河冀北鸟的名称正式出现在《中国古鸟类》一书中（侯连海等，2003），并给出了简要的特征描述、产地信息等。Jin 等（2008）认为滦河冀北鸟的产出层位相当于辽西地区义县组的大王杖子层。侯连海等（2003）提出的鉴定特征均无法证实冀北滦河鸟是否有效；Zhang 等（2004）提到 GH 001 已经丢失。基于材料已经丢失，且已有文献不能提供有效的自有裔征，本书将该属种列为存疑属种，加问号以示存疑，而鉴别特征仅将原文中的内容罗列如上。

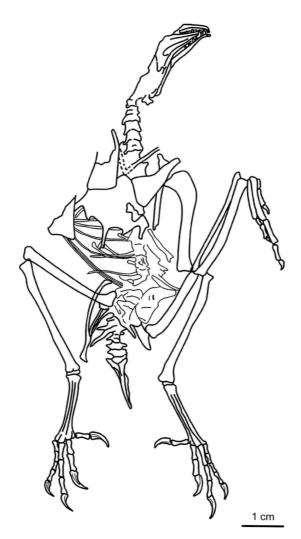

1 cm

图 61　? 滦河冀北鸟 ?*Jibeinia luanhera* 标本（GH 001）线条图（改自 Li J. L. et al., 2008）

鄂托克鸟属？ Genus *Otogornis* Hou, 1994 ？

？成吉思汗鄂托克鸟 *?Otogornis genghisi* Hou, 1994
（图 62）

标本 IVPP V 9607，一具不完整的骨架，包括了部分前肢和肩带。产于内蒙古伊克昭盟（今鄂尔多斯市。下同），下白垩统伊金霍洛组；现存于中国科学院古脊椎动物与古人类研究所。

鉴别特征 长骨骨壁厚；肩胛骨长，厚板状；乌喙骨近端膨大，远端宽板状，具滋养孔；肱骨较粗壮，短于尺骨，近端没有气窝，顶沟发育，三角肌脊小；肱骨远端鹰嘴窝前，肩胛肱三头肌沟呈一深凹坑形；尺骨和桡骨长，尺骨没有次级飞羽附着的突起，骨体侧扁；掌骨不愈合，具手爪；羽毛的羽小支排列不紧密。

词源 属名指示化石地点鄂托克旗（Otog），种名源自成吉思汗的英文名字。

产地与层位 内蒙古伊克昭盟，下白垩统伊金霍洛组。

评注 侯连海（1994b）命名成吉思汗鄂托克鸟时并未将其归入反鸟类。Li J. L. 等

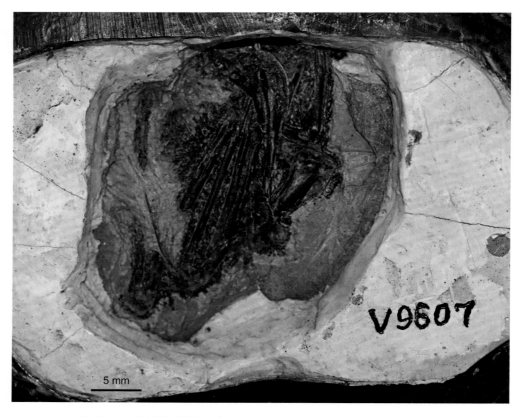

图 62 ？成吉思汗鄂托克鸟 *?Otogornis genghisi* 标本（IVPP V 9607）

（2008）将该属归入华夏鸟科，但并未给出判断依据。侯连海（1994b）所列的鉴定特征在早白垩世鸟类常见，不能有效鉴别该属种。本书将成吉思汗鄂托克鸟归入反鸟类，主要依据是其肱骨三角肌脊下，肩胛骨肩峰突较长，乌喙骨不发育上乌喙突。但是缺乏自有裔征，本书将该属种列为存疑属种，在中文名和拉丁学名前加问号，而鉴别特征仅将原文中的内容罗列如上。

真翼鸟属？　Genus *Alethoalaornis* Li, Hu, Duan, Gong et Hou, 2007 ?

？敏捷真翼鸟　?*Alethoalaornis agitornis* Li, Hu, Duan, Gong et Hou, 2007
（图 63）

标本　LPM 00009, LPM 00017 (LPM 00040), LPM 00032, LPM 00038, LPM 00053。均产于辽宁，下白垩统；现存于辽宁古生物博物馆。

鉴别特征　具有如下特征组合：吻长而尖锐；牙齿少；颈椎异凹型；叉骨突细长，其长度接近叉骨上升支；胸骨发育龙骨突；肱骨具气窝构造，顶沟深；腕掌骨愈合；小手指的爪节退化；小翼指和大手指的爪节细小；第二至四蹠骨等长，且滑车高度基本相同；脚趾的趾节细长，爪节明显长于趾节；爪节长但弯曲程度弱。

词源　属名代表真正的翅膀，种名意指敏捷。

产地与层位　河北丰宁，下白垩统花吉营组中部。

评注　李莉等（2007）根据 5 具骨架命名了敏捷真翼鸟，并建立了真翼鸟科，将其归入到华夏鸟目；O'Connor（2009）认为原文所列出的鉴别特征不能有效区分敏捷真翼鸟与其他反鸟类，认为其为无效命名，本书同意此观点，故在其中文名和拉丁学名前加问号以示存疑，而鉴别特征仅将原文中的内容罗列如上。

葛里普鸟属？　Genus *Grabauornis* Dalsätt, Ericson et Zhou, 2014 ?

？凌源葛里普鸟　?*Grabauornis lingyuanensis* Dalsätt, Ericson et Zhou, 2014
（图 64）

标本　IVPP V 14595，一具近完整的骨架。产于辽宁凌源，下白垩统义县组；现存于中国科学院古脊椎动物与古人类研究所。

鉴别特征　具有如下特征组合：牙齿仅分布在前上颌骨、上颌骨和齿骨；胸骨后缘具有两对凹陷，其中外侧的凹陷较深；胸骨后缘的外侧梁长；大、小掌骨宽度近等，其之间的掌骨间隙狭窄不可见；肱骨长度小于尺骨，肱骨头很发育。

图 63 ? 敏捷真翼鸟 ?*Alethoalaornis agitornis* 归入标本
目前标本号为 LPM 00017，原标本号为 LPM 00040（引自 O'Connor, 2009）

产地与层位 辽宁凌源，下白垩统义县组。

评注 Dalsätt 等（2014）命名葛里普鸟属时列出的特征不足以鉴别该属，本书将该属列为存疑属，故在该属种的中文名和拉丁学名前加问号以示存疑，而鉴别特征仅将原文中的内容罗列如上。

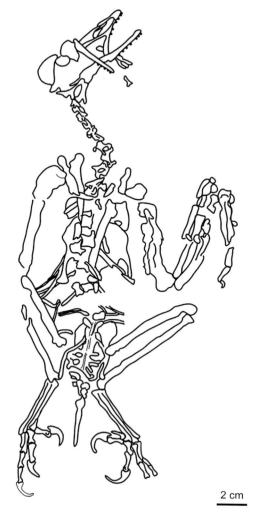

2 cm

图 64　? 凌源葛里普鸟 ?*Grabauornis lingyuanensis* 标本（IVPP V 14595）线条图
（根据 Dalsätt et al., 2014 重新绘制）

今鸟型类 ORNITHUROMORPHA Chiappe, 2002

Chiappe（2002a）提出今鸟型类，并将其定义为：今鸟型类是由今鸟类（Ornithurae）和巴达哥尼亚鸟（*Patagopteryx*）最近的共同祖先及其全部后裔所组成的一个类群（Chiappe, 2002b）。当时巴达哥尼亚鸟是已知的最原始的今鸟型类，因此这一定义能够反映今鸟型类与反鸟类互为姐妹群。然而，随着一些比巴达哥尼亚鸟系统位置更原始的今鸟型类的发现，这一定义需要修改。王敏（2014）将今鸟型类定义为：今鸟型类是包括家麻雀（*Passer domesticus* Linnaeus, 1758），但不包括丰宁原羽鸟（*Protopteryx fengningensis* Zhang et Zhou, 2000）的含义最广的一个类群。本书同意这一观点。

义县鸟目 Order YIXIANORNITHIFORMES Zhou et Zhang, 2006

概述　Zhou 和 Zhang（2006a）首次提出义县鸟目。义县鸟目最早的成员葛氏义县鸟（*Yixianornis grabaui*）由 Zhou 和 Zhang（2001）命名。义县鸟目也仅包括义县鸟科（Yixianornithidae）。

定义与分类　义县鸟目是包括义县鸟科的狭义类群。义县鸟目最早的成员是发现在我国辽宁义县下白垩统九佛堂组的葛氏义县鸟。

形态特征　义县鸟目具有如下特征组合：头骨长度与宽度的比值约为 1.5；胸骨发育外侧突；肢骨纤细；肱骨头呈椭球状；小掌骨的宽度不及大掌骨宽度的 1/3；耻骨联合的长度约为耻骨长度的 1/5；胫跗骨和股骨长度的比值约为 1.6；第三脚趾与跗蹠骨长度比值约为 1.3。

分布与时代　中国，早白垩世。

评注　Clarke 等（2006）提出将葛氏义县鸟、凌河松岭鸟（*Songlingornis linghensis*）、马氏燕鸟（*Yanornis martini*）归入到一个类群，但并未对这个支系命名。之后的系统发育研究的结果并不支持上述三个属种构成一个单系类群（Zhou et al., 2014b；Wang et Lloyd, 2016；Wang et al., 2017b）。

义县鸟科 Family Yixianornithidae Zhou et Zhang, 2006

模式属　义县鸟属 *Yixianornis* Zhou et Zhang, 2006

定义与分类　义县鸟科是仅包括义县鸟属（*Yixianornis*）的狭义类群。

鉴别特征　同目。

中国已知属　仅模式科。

分布与时代　中国，早白垩世。

评注　Zhou 和 Zhang（2001）首次命名了义县鸟属，而义县鸟科是由 Zhou 和 Zhang（2006a）提出的。

义县鸟属 Genus *Yixianornis* Zhou et Zhang, 2006

模式种　葛氏义县鸟 *Yixianornis grabaui* Zhou et Zhang, 2006

鉴别特征　同科。

中国已知种　仅模式种。

分布与时代　辽宁义县，早白垩世。

图 65 葛氏义县鸟 *Yixianornis grabaui* 正模 (IVPP V 12631)

1 cm

葛氏义县鸟 *Yixianornis grabaui* Zhou et Zhang, 2006

（图 65）

正模 IVPP V 12631，一具近完整的骨架。产于辽宁义县，下白垩统九佛堂组；现存于中国科学院古脊椎动物与古人类研究所。

鉴别特征 同属。

产地与层位 辽宁义县，下白垩统九佛堂组。

燕鸟目 Order YANORNITHIFORMES Zhou et Zhang, 2001

概述 燕鸟目是由 Zhou 和 Zhang（2001）提出，目前仅包括燕鸟科（Yanornithidae）。

定义与分类 燕鸟目是包括燕鸟科的最狭义类群。燕鸟目最早的成员是发现在我国辽宁朝阳下白垩统九佛堂组的马氏燕鸟。

形态特征 齿骨上的牙齿 16–20 颗；颈椎椎体长，为异凹型；愈合荐椎由 9 节荐椎愈合而成；前、后肢的长度比值约为 1.1；第三脚趾与跗蹠骨的长度比值为 1.1；每一脚趾的第一趾节较其他趾节长且更为粗壮。

分布与时代 中国，早白垩世。

评注 燕鸟目目前仅包括 1 个科。据笔者观察，与燕鸟相似的很多化石收藏于不同博物馆，其数目超过了早白垩世的其他今鸟型类，但由于缺乏系统的研究，这些化石是否代表不同的属种甚至更高的分类单元，目前还不能确定。

燕鸟科 Family Yanornithidae Zhou et Zhang, 2001

模式属 燕鸟属 *Yanornis* Zhou et Zhang, 2001

定义与分类 燕鸟科是仅包括燕鸟属（*Yanornis*）的最狭义类群。

鉴别特征 同目。

中国已知属 仅模式属。

分布与时代 中国，早白垩世。

燕鸟属 Genus *Yanornis* Zhou et Zhang, 2001

模式种 马氏燕鸟 *Yanornis martini* Zhou et Zhang, 2001

鉴别特征 同科。

中国已知种 仅模式种。

分布与时代 辽宁义县，早白垩世。

马氏燕鸟 *Yanornis martini* Zhou et Zhang, 2001
(图 66)

Yanornis guozhangi：王旭日等，2013，602 页，图 1–3

正模 IVPP V 12558，一具近完整的骨架。产于辽宁朝阳，下白垩统九佛堂组；现存于中国科学院古脊椎动物与古人类研究所。

归入标本 IVPP V 10996，一具不完整的骨架，产于辽宁，下白垩统九佛堂组；IVPP V 13259，一具近完整的骨架，产于辽宁，下白垩统九佛堂组；IVPP V 13358，一具近完整的骨架，产于辽宁朝阳，下白垩统九佛堂组；IVPP V 12444，一具较完整的骨架，产于辽宁，下白垩统九佛堂组。上述标本现均存于中国科学院古脊椎动物与古人类研究所。

鉴别特征 齿骨平直，长度约为头骨长度的 2/3；齿骨上的牙齿多达 20 颗；颈椎椎体长，为异凹型；愈合荐椎由 9 节荐椎愈合而成；尾综骨短小，长度约为跗蹠骨长度的 1/3；胸骨后缘具一对窗孔；胸骨外侧梁的末端膨大呈半圆形；前、后肢长度比值约为 1.1；手部长度小于尺骨、桡骨长度；跗蹠骨愈合完全；第三脚趾与跗蹠骨的长度比值为 1.1；每一脚趾的第一趾节较其他趾节长且更为粗壮。

词源 属名系"燕"的音译，种名纪念古鸟类学家 Larry D. Martin。

产地与层位 辽宁，下白垩统九佛堂组。

评注 IVPP V 12444 最早是由美国国家地理杂志报道，并将其非正式命名为辽宁古盗鸟（*Archaeoraptor liaoningensis*）（Sloan, 1999）。随后的研究证实 IVPP V 12444 是一件由鸟类和兽脚类恐龙的骨骼拼接而成的化石。Zhou 等（2002）认为 IVPP V 12444 身体的前半部分，包括头骨、肩带和前肢，以及后肢，属于马氏燕鸟。王旭日等（2013）根据一具近完整的骨架 XHPM1205 命名了国章燕鸟（*Yanornis guozhangi*），指出国章燕鸟和马氏燕鸟的区别在于肢骨、尾综骨的比例（如国章燕鸟的手部与尺骨、桡骨近等长，而马氏燕鸟的手部短于尺骨、桡骨；国章燕鸟的尾综骨长度约为跗蹠骨长度的 1/3，在马氏燕鸟中小于 1/3）。Wang 等（2020）对马氏燕鸟正模的测量结果说明，上述肢骨长度的差异在马氏燕鸟和国章燕鸟中非常微小（如尾综骨与跗蹠骨长度比值在马氏燕鸟和国章燕鸟中分别为 0.39 和 0.36），且国章燕鸟没有区别于马氏燕鸟的形态特征。所以，认为国章燕鸟属于马氏燕鸟的同物异名（Wang et al., 2020）。本书同意此观点。

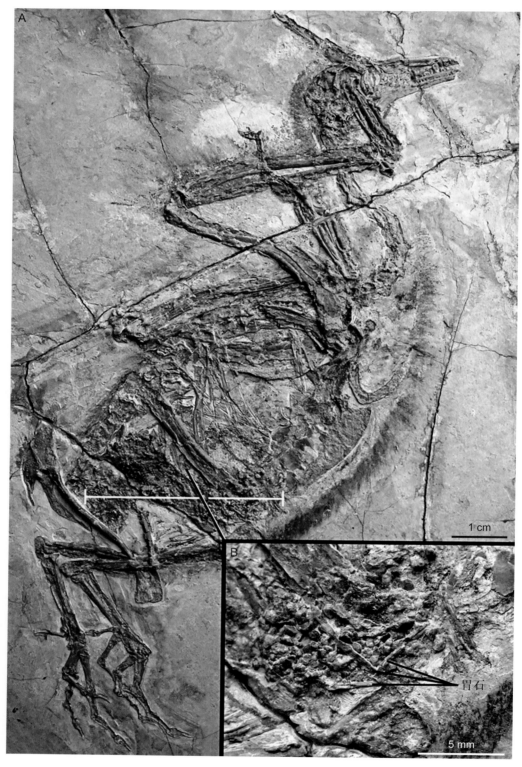

图 66　马氏燕鸟 *Yanornis martini* 归入标本（IVPP V 13358）
A. 骨架照片；B. 胃石

朝阳鸟目 Order CHAOYANGORNITHIFORMES Hou, 1997

概述 朝阳鸟目是由侯连海（1997）建立，其最早、也是目前唯一的成员是由 Hou 和 Zhang（1993）命名的北山朝阳鸟（*Chaoyangia beishanensis*）。朝阳鸟目的特征从未在文献中有过归纳。

定义与分类 朝阳鸟目是一个仅包括朝阳鸟属的狭义类群。朝阳鸟目的成员目前只有发现于我国辽宁朝阳下白垩统九佛堂组的北山朝阳鸟。

形态特征 具有如下的特征组合：愈合荐椎包括 8 节以上的荐椎；钩状突细长，向后延伸超过邻近的后一肋骨；钩状突基部变宽，与肋骨夹角约 55°；坐骨背面具两个突起；左、右坐骨末端关联；耻骨联合部分约为耻骨长度的 1/3；股骨头与股骨间的界限模糊；胫跗骨近端发育向近前方向突出的胫骨脊。

分布与时代 中国，早白垩世。

朝阳鸟科 Family Chaoyangornithidae Hou, 1997

模式属 朝阳鸟属 *Chaoyangia* Hou et Zhang, 1993

定义与分类 朝阳鸟科是一个仅包括朝阳鸟属的狭义类群。

鉴别特征 同目。

中国已知属 仅模式属。

分布与时代 中国，早白垩世。

评注 朝阳鸟科是由侯连海（1997）建立，其最早、也是目前唯一的成员是由 Hou 和 Zhang（1993）命名的北山朝阳鸟（*Chaoyangia beishanensis*）。

朝阳鸟属 Genus *Chaoyangia* Hou et Zhang, 1993

模式种 北山朝阳鸟 *Chaoyangia beishanensis* Hou et Zhang, 1993

鉴别特征 同科。

中国已知种 仅模式种。

分布与时代 辽宁朝阳，早白垩世。

北山朝阳鸟 *Chaoyangia beishanensis* Hou et Zhang, 1993

（图 67）

正模 IVPP V 9934，一具不完整的骨架，包括了部分胸椎、愈合荐椎、肋骨、腰带、股骨和胫跗骨。产于辽宁朝阳，下白垩统九佛堂组；现存于中国科学院古脊椎动物与古人类研究所。

鉴别特征 同属。

词源 属名系化石所在城市——朝阳市的中文音译，种名系正模化石产出地点——"北山"的音译。

产地与层位 辽宁朝阳，下白垩统九佛堂组。

1 cm

图 67 北山朝阳鸟 *Chaoyangia beishanensis* 正模（IVPP V 9934）

评注 Hou 和 Zhang（1993）依据 IVPP V 9934 建立了北山朝阳鸟。Hou 等（1996）先将 IVPP V 10913 和 IVPP V 9937 归入到北山朝阳鸟。之后，侯连海（1997）将 IVPP V 10913 作为正模命名了凌河松岭鸟（*Songlingornis linghensis*）。IVPP V 9937 是一具不完整的骨架，仅包括部分胫跗骨、腓骨、跗蹠骨和脚趾。O'Connor 和 Zhou（2013）认为 IVPP V 9937 缺乏支持其归入北山朝阳鸟或者其他已知属种的鉴别特征，又缺乏足够的自有裔征，无法建立新的分类单元，因此将 IVPP V 9937 归入到今鸟型类未定属种。

松岭鸟目 Order SONGLINGORNITHIFORMES Hou, 1997

概述 侯连海（1997）建立松岭鸟目，目前仅包括凌河松岭鸟（*Songlingornis linghensis*）这一个属种。松岭鸟目的特征从未在文献中有过归纳。因为目前已知的松岭鸟目仅包括凌河松岭鸟一个属种，所以本书将该属种的鉴别特征列为该目的形态特征。

定义与分类 松岭鸟目是一个仅包括松岭鸟科的狭义类群。松岭鸟目的目前已知的成员是发现于我国辽宁朝阳下白垩统九佛堂组的凌河松岭鸟。

形态特征 松岭鸟目具有如下的特征：齿骨直，具齿；胸骨长，其后缘具一对卵圆形的窗孔；胸骨外侧具一大的侧突；胸骨后缘具一对外侧梁，外侧梁的末端膨大呈非对称的三角形；叉骨 U 型，有一宽而平的基部。

分布与时代 中国，早白垩世。

松岭鸟科 Family Songlingornithidae Hou, 1997

模式属 松岭鸟属 *Songlingornis* Hou, 1997
定义与分类 松岭鸟科是一个仅包括松岭鸟属的狭义类群。
鉴别特征 同目。
中国已知属 仅模式属。
分布与时代 中国，早白垩世。

松岭鸟属 Genus *Songlingornis* Hou, 1997

模式种 凌河松岭鸟 *Songlingornis linghensis* Hou, 1997
鉴别特征 同科。
中国已知种 仅模式种。
分布与时代 辽宁朝阳，早白垩世。

凌河松岭鸟 *Songlingornis linghensis* Hou, 1997

(图 68)

正模 IVPP V 10913，一具不完整的骨架，包括了部分上下颌、肩带、胸骨和部分前肢。产于辽宁朝阳，下白垩统九佛堂组；现存于中国科学院古脊椎动物与古人类研究所。

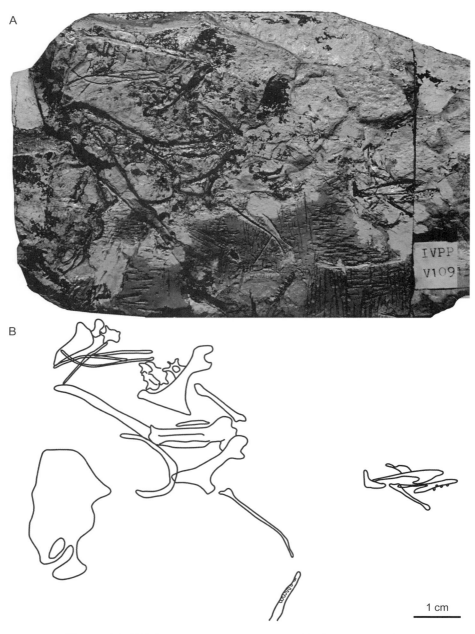

图 68 凌河松岭鸟 *Songlingornis linghensis* 正模（IVPP V 10913）
A. 照片；B. 线条图（据 O'Connor et Zhou, 2013 重新绘制）

鉴别特征 同属。

词源 属名系正模化石产地"松岭"的音译，种名系化石产地附近的河流——大凌河的音译。

产地与层位 辽宁朝阳，下白垩统九佛堂组。

评注 Hou 等（1996）曾将 IVPP V 10913 作为归入标本归入到北山朝阳鸟。之后，侯连海（1997）将 IVPP V 10913 作为正模命名了凌河松岭鸟（*Songlingornis linghensis*）。凌河松岭鸟的正模与北山朝阳鸟的正模没有可以比较的骨骼，所以没有证据支持或者否定二者是否属于同一属种。凌河松岭鸟的肩带和胸骨形态区别于早白垩世其他的今鸟型类，O'Connor 和 Zhou（2013）认为其为有效属种，并修正了鉴别特征，本书将其罗列如上。

甘肃鸟目 Order GANSUIFORMES Hou et Liu, 1984

概述 Hou 和 Liu（1984）首次命名了甘肃鸟目。甘肃鸟目的化石几乎全部发现于甘肃昌马盆地早白垩世的下沟组。Liu 等（2014）命名了甄氏甘肃鸟，该标本发现于辽宁凌源早白垩世的九佛堂组。甘肃鸟目的特征从未在文献中有过归纳。甘肃鸟目目前仅包括甘肃鸟科，甘肃鸟属。Liu 等（2014）列出了该属的鉴别特征，本书将原文中的内容罗列如下，暂作甘肃鸟目的形态特征。

定义与分类 甘肃鸟目是包括甘肃鸟科的狭义类群。甘肃鸟目最早的成员是发现在我国甘肃昌马盆地下白垩统下沟组的玉门甘肃鸟。

形态特征 甘肃鸟目具有如下特征：乌喙骨发育钩状的胸外侧突；胸骨具一对向后内侧方向延伸的外侧梁；胸骨后缘具一对卵圆形窗孔；肱骨和尺骨长度之和与股骨和胫跗骨长度之和的比值范围在 0.9–1.1；大、小掌骨的掌骨间隙近端未及与小翼掌骨末端相当的水平位置；第二蹠骨末端止于第四蹠骨滑车的近端；每一脚趾的第一趾节长度超过同一脚趾的其他趾节；第四脚趾长度大于第二脚趾。

分布与时代 甘肃、辽宁，早白垩世。

甘肃鸟科 Family Gansuidae Hou et Liu, 1984

模式属 甘肃鸟属 *Gansus* Hou et Liu, 1984

定义与分类 甘肃鸟科是包括甘肃鸟属的狭义类群。

鉴别特征 同目。

中国已知属 仅模式属。

分布与时代 甘肃和辽宁，早白垩世。

甘肃鸟属 Genus *Gansus* Hou et Liu, 1984

模式种 玉门甘肃鸟 *Gansus yumenensis* Hou et Liu, 1984

鉴别特征 同科。

中国已知种 玉门甘肃鸟 *Gansus yumenensis* Hou et Liu, 1984，甄氏甘肃鸟 *Gansus zheni* Liu, Chiappe, Zhang, Bell, Meng, Ji et Wang, 2014。共两种。

分布与时代 甘肃、辽宁，早白垩世。

玉门甘肃鸟 *Gansus yumenensis* Hou et Liu, 1984
（图 69）

正模 IVPP V 6862，一左跗蹠骨及脚趾。产于甘肃昌马盆地，下白垩统下沟组；现存于中国科学院古脊椎动物与古人类研究所。

归入标本 GSGM-07-CM-009，一具不完整的骨架，包括了最后部分胸椎、愈合荐椎、部分腰带；GSGM-07-CM-011，一具不完整的骨架，缺失头骨、颈椎、尾椎、肩带和前肢；GSGM-06-CM-011，一具不完整的骨架，包括了胸骨、肋骨、叉骨；GSGM-07-CM-006，一具不完整的骨架，包括了肩带和前肢；GSGM-05-CM-014，一具不完整的骨架，包括了前肢、后肢和部分肋骨；GSGM-04-CM-018，一具不完整的骨架，包括了左侧胫跗骨和腓骨；GSGM-04-CM-031，一具不完整的骨架，包括了左侧蹠骨的近端；CAGS-IG-04-CM-001，一具不完整的骨架，包括了部分后肢；CAGS-IG-04-CM-002，一具不完整的骨架，包括了部分脊椎、腰带和后肢；CAGS-IG-04-CM-003，一具较完整的骨架，缺失头部、颈椎和部分前后肢；CAGS-IG-04-CM-004，一具不完整的骨架，缺失头骨、颈椎和前肢；CAGS-IG-04-CM-008，一具不完整的骨架，包括了部分后肢；GSGM-07-CM-009，一具不完整的骨架，包括了部分椎体和腰带。上述标本均产于甘肃昌马盆地，下白垩统下沟组。IVPP V 15074–15077, V 15079–15081, V 15083, V 15084，均为不完整的骨架，产于甘肃昌马盆地，下白垩统下沟组。上述所有归入标本现存于中国科学院古脊椎动物与古人类研究所。

鉴别特征 甘肃鸟属的成员，具有如下特征组合：尾综骨窄，背侧具棘突；胸骨具前外侧突和外侧梁；胸骨后缘的外侧梁向内侧弯曲；胸骨后缘具一对卵圆形窗孔；乌喙骨具钩状的胸外侧突；胫跗骨发育两个胫脊，胫脊向近端突出明显；第二蹠骨短，其位置相对第三蹠骨靠后；第四脚趾长于其他脚趾；脚趾爪节具明显的屈肌结节。

产地与层位 甘肃昌马盆地，下白垩统下沟组。

评注 Hou 和 Liu（1984）命名玉门甘肃鸟时归纳的多数鉴别特征无效。Wang Y. M. 等（2015）对玉门甘肃鸟的形态进行了厘定，本书将 Wang Y. M. 等（2015）原文中归纳的鉴定特征罗列如上。

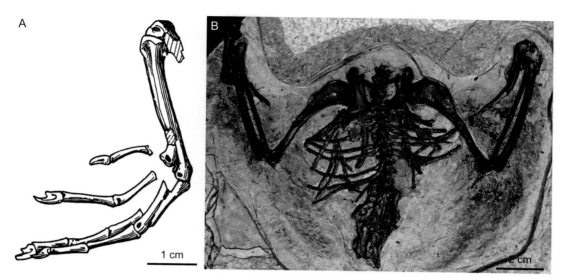

图 69　玉门甘肃鸟 *Gansus yumenensis*

A. 正模（IVPP V 6862）线条图（引自 Li J. L. et al., 2008）；B. 归入标本（CAGS-IG-04-CM-004）照片

甄氏甘肃鸟 *Gansus zheni* Liu, Chiappe, Zhang, Bell, Meng, Ji et Wang, 2014

（图 70）

正模　BMNHC-Ph1342，一具近完整的骨架。产于辽宁凌源，下白垩统九佛堂组；现存于北京自然博物馆。

归入标本　BMNHC-Ph1318，一具近完整的骨架。产于辽宁凌源，下白垩统九佛堂组；现存于北京自然博物馆。

鉴别特征　甘肃鸟属的成员，以如下特征组合区别于玉门甘肃鸟：叉骨上升支间的夹角约 60°，大于玉门甘肃鸟；胫跗骨胫脊向远端延伸程度较短；大手指较短；第四脚趾略长于第三脚趾；第三脚趾与跗蹠骨长度的比值较玉门甘肃鸟稍大；第三和第四脚趾的爪节不发育明显的屈肌结节。

产地与层位　辽宁凌源，下白垩统九佛堂组。

基干今鸟型类目未定 Basal ORNITHUROMORPHA incerti ordinis

红山鸟科 Family Hongshanornithidae O'Connor, Gao et Chiappe, 2010

模式属　红山鸟属 *Hongshanornis* Zhou et Zhang, 2005

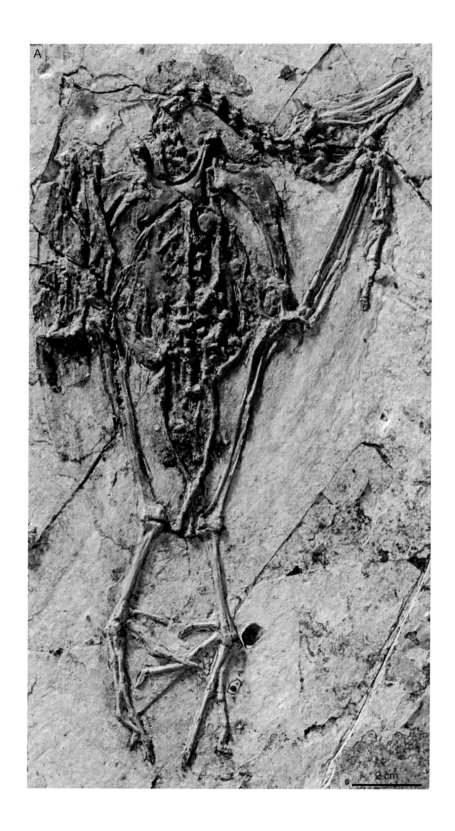

2 cm

图 70 甄氏甘肃鸟 *Gansus zheni*
A. 正模（BMNHC-Ph1342）；
B. 归入标本（BMNHC-Ph1318）

定义与分类　红山鸟科是一个包括高冠红山鸟（*Hongshanornis longicresta*）和侯氏长胫鸟（*Longicrusavis houi*）的最近共同祖先及全部后裔的类群。红山鸟科时代最古老的成员是发现于我国河北丰宁下白垩统花吉营组的弥曼始今鸟。

鉴别特征　一类个体偏小的基干今鸟型类，具有如下的特征组合：后肢长度大于前肢（肱骨和尺骨长度之和与股骨和胫跗骨长度之和的比值小于 0.85）；下颌吻端向背侧凸起，而后端向腹侧凸起，整体呈 S 形；手部长于肱骨；手指指式为 2-3-2。

中国已知属　红山鸟属 *Hongshanornis* Zhou et Zhang, 2005，长胫鸟属 *Longicrusavis* O'Connor, Gao et Chiappe, 2010，副红山鸟属 *Parahongshanornis* Li, Wang et Hou, 2011，天宇鸟属 *Tianyuornis* Zheng, O'Connor, Wang, Zhang et Wang, 2014，始今鸟属 *Archaeornithura* Wang, Zheng, O'Connor, Lloyd, Wang, Wang, Zhang et Zhou, 2015。共 5 属。

分布与时代　辽宁、内蒙古、河北，早白垩世。

红山鸟属 Genus *Hongshanornis* Zhou et Zhang, 2005

模式种　高冠红山鸟 *Hongshanornis longicresta* Zhou et Zhang, 2005

鉴别特征　红山鸟科成员，具有如下的特征组合：上下颌无齿；前上颌骨吻端尖细；胸骨后缘具有两对突起，其中胸骨外侧梁向内弯曲且变细；叉骨呈 U 形，发育一个短小的叉骨突；大手指的第一指节发育一个外侧突起；大手指的第二指节略微弯曲。

中国已知种　仅模式种。

分布与时代　内蒙古、辽宁，早白垩世。

高冠红山鸟 *Hongshanornis longicresta* Zhou et Zhang, 2005

（图 71）

正模　IVPP V 14533，一具近完整的骨架。产于内蒙古宁城，下白垩统义县组；现存于中国科学院古脊椎动物与古人类研究所。

归入标本　DNHM D 2945/6，一具近完整的骨架。产于辽宁凌源，下白垩统义县组；现存于大连自然博物馆。

鉴别特征　同属。

词源　属名系中国北方古代文化遗存"红山文化"的中文简称音译，种名意指正模标本头顶的长冠羽。

产地与层位　内蒙古宁城、辽宁凌源，下白垩统九佛堂组。

图 71　高冠红山鸟 *Hongshanornis longicresta* 正模 （IVPP V 14533）

长胫鸟属 Genus *Longicrusavis* O'Connor, Gao et Chiappe, 2010

模式种　侯氏长胫鸟 *Longicrusavis houi* O'Connor, Gao et Chiappe, 2010

鉴别特征　红山鸟科成员，以如下特征组合区别于其他红山鸟科的成员：吻端较粗壮；胸骨后缘不发育中间梁；肱骨远端发育外上髁突；胫跗骨的胫外脊呈勾曲状；第二和第四蹠骨近等长。

中国已知种　仅模式种。

分布与时代　辽宁凌源，早白垩世。

侯氏长胫鸟 *Longicrusavis houi* O'Connor, Gao et Chiappe, 2010
（图72）

正模　PKUP V 1069，一具近完整的骨架。产于辽宁凌源，下白垩统义县组；现存

图72　侯氏长胫鸟 *Longicrusavis houi* 正模（PKUP V 1069）（引自 O'Connor et al., 2010）

于北京大学。

　　鉴别特征　同属。

　　产地与层位　辽宁凌源，下白垩统义县组。

副红山鸟属 Genus *Parahongshanornis* Li, Wang et Hou, 2011

　　模式种　朝阳副红山鸟 *Parahongshanornis chaoyangensis* Li, Wang et Hou, 2011

　　鉴别特征　红山鸟科成员，以如下特征组合区别于其他的红山鸟科成员：叉骨 U 形，在叉骨上升支联合处发育一结节；乌喙骨的长宽比值约为 2.3；胸骨前缘较红山鸟属和长胫鸟属尖锐；胸骨后缘具两对突起；胸骨侧面具一近三角形的外侧突；胸骨外侧梁略微向外侧延伸；胸骨的剑状突向远端的延伸程度略小于外侧梁；耻骨末端略微膨大。

　　中国已知种　仅模式种。

　　分布与时代　辽宁朝阳，早白垩世。

朝阳副红山鸟 *Parahongshanornis chaoyangensis* Li, Wang et Hou, 2011

（图 73）

　　正模　PMOL-AB00161，一具近完整的骨架。产于辽宁朝阳，下白垩统九佛堂组；现存于沈阳师范大学。

　　鉴别特征　同属。

　　产地与层位　辽宁朝阳，下白垩统九佛堂组。

天宇鸟属 Genus *Tianyuornis* Zheng, O'Connor, Wang, Zhang et Wang, 2014

　　模式种　陈氏天宇鸟 *Tianyuornis cheni* Zheng, O'Connor, Wang, Zhang et Wang, 2014

　　鉴别特征　红山鸟科成员，以如下特征组合区别于红山鸟科的其他成员：上、下颌具齿；前上颌骨和上颌骨的牙齿大于下颌的牙齿；齿骨吻端近平直；乌喙骨的长宽比值约为 1.6；叉骨呈 U 形，不发育叉骨突，在叉骨上升支联合处发育一小的结节；胸骨前缘较红山鸟属和长胫鸟属尖锐；胸骨后缘不发育中间梁；胸骨外侧有一近方形的外侧突；胸骨外侧梁的末端略微膨大。

　　词源　属名系"天宇"的中文音译，指示山东省天宇自然博物馆。

　　中国已知种　仅模式种。

　　分布与时代　内蒙古宁城，早白垩世。

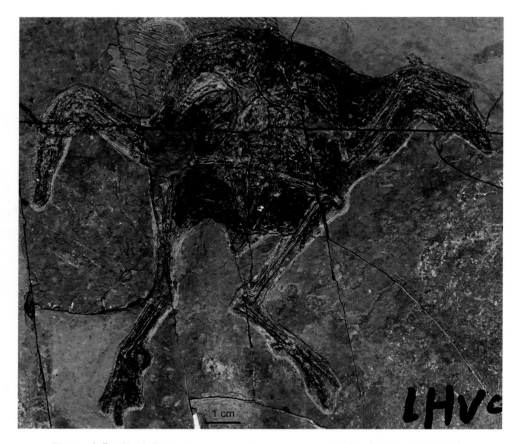

图 73　朝阳副红山鸟 *Parahongshanornis chaoyangensis* 正模（PMOL-AB00161）

陈氏天宇鸟 *Tianyuornis cheni* Zheng, O'Connor, Wang, Zhang et Wang, 2014

（图 74）

　　正模　STM 7-53，一具近完整的骨架。产于内蒙古宁城，下白垩统义县组；现存于山东省天宇自然博物馆。

　　鉴别特征　同属。

　　产地与层位　内蒙古宁城，下白垩统义县组。

始今鸟属 Genus *Archaeornithura* Wang, Zheng, O'Connor, Lloyd, Wang, Wang, Zhang et Zhou, 2015

　　模式种　弥曼始今鸟 *Archaeornithura meemannae* Wang, Zheng, O'Connor, Lloyd, Wang, Wang, Zhang et Zhou, 2015

　　鉴别特征　红山鸟科成员，以如下特征组合区别于其他红山鸟科成员：胸骨前缘

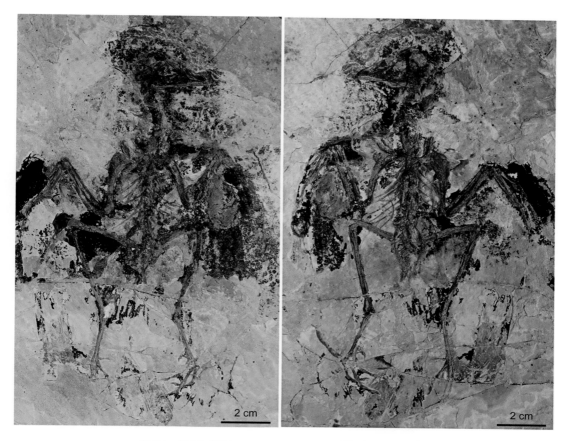

图 74 陈氏天宇鸟 *Tianyuornis cheni* 正模（STM 7-53）

较红山鸟属和长胫鸟属尖锐；胸骨外侧有一大的近方形的外侧突；小翼指末端超过大掌骨的末端；大手指的第二指节长度超过第一指节；股骨与跗蹠骨的长度比值小于其他的红山鸟科成员。

中国已知种 仅模式种。

分布与时代 河北丰宁，早白垩世。

弥曼始今鸟 *Archaeornithura meemannae* Wang, Zheng, O'Connor, Lloyd, Wang, Wang, Zhang et Zhou, 2015

（图 75）

正模 STM 7-145，一具较完整的骨架，包括近完整的头后骨骼和部分头骨。产于河北丰宁，下白垩统花吉营组；现存于山东省天宇自然博物馆。

归入标本 STM 7-163，一具较完整的骨架，包括近完整的头后骨骼和部分头骨。产于河北丰宁，下白垩统花吉营组；现存于山东省天宇自然博物馆。

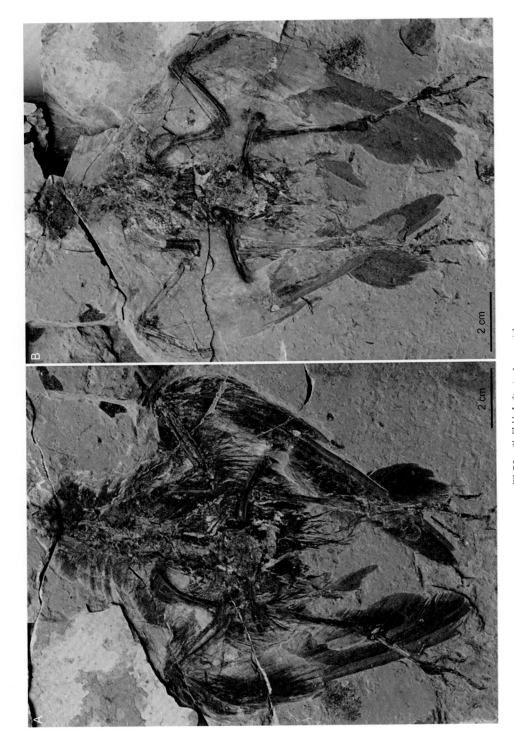

图 75　弥曼始今鸟 *Archaeornithura meemannae*

A. 正模 STM 7-145；B. 归入标本 STM 7-163

鉴别特征 同属。

产地与层位 河北丰宁，下白垩统花吉营组。

基干今鸟型类科未定 Basal Ornithuromorpha incertae familiae

古喙鸟属 Genus *Archaeorhynchus* Zhou et Zhang, 2006

模式种 匙吻古喙鸟 *Archaeorhynchus spathula* Zhou et Zhang, 2006

鉴别特征 一类个体中等的基干今鸟型类，具有如下的特征组合：上、下颌无齿；齿骨侧面呈匙形；乌喙骨的肱骨关节面强烈指向外侧；乌喙骨的外侧边缘较内侧边缘长；叉骨上升支背面具一深凹；胸骨后缘具外侧梁和中间梁；前肢明显长于后肢。

中国已知种 仅模式种。

分布与时代 辽宁义县、建昌和凌源，早白垩世。

评注 古喙鸟属由 Zhou 和 Zhang（2006b）依据化石 IVPP V 14287 命名；之后，Zhou 等（2013）根据两件新的标本 IVPP V 17091 和 IVPP V 17075，对古喙鸟属的特征进行了补充。上述三件标本均是幼年或亚成年个体。Wang 和 Zhou（2017c）报道了一件成年个体的匙吻古喙鸟 IVPP V 20312，并修正了该属种的鉴别特征，本书将原文所列特征陈述如上。

匙吻古喙鸟 *Archaeorhynchus spathula* Zhou et Zhang, 2006
（图 76）

正模 IVPP V 14287，一具近完整的骨架。产于辽宁义县，下白垩统义县组；现存于中国科学院古脊椎动物与古人类研究所。

归入标本 IVPP V 17075，一具近完整的骨架，产于辽宁建昌，下白垩统九佛堂组；IVPP V 17091，一具近完整的骨架，产于辽宁建昌，下白垩统九佛堂组；IVPP V 20312，一具近完整的骨架，产于辽宁凌源，下白垩统九佛堂组。上述三件标本均存于中国科学院古脊椎动物与古人类研究所。

鉴别特征 同属。

产地与层位 辽宁义县、建昌和凌源，下白垩统义县组和九佛堂组。

建昌鸟属 Genus *Jianchangornis* Zhou, Zhang et Li, 2009

模式种 小齿建昌鸟 *Jianchangornis microdonta* Zhou, Zhang et Li, 2009

图 76　匙吻古喙鸟 *Archaeorhynchus spathula* 正模（IVPP V 14287）

鉴别特征　一类个体较大的基干今鸟型类，具有如下特征组合：齿骨牙齿至少 16 颗，牙齿小而呈锥形；肩胛骨强烈弯曲；叉骨粗壮，呈 U 形；小翼掌骨粗壮；小翼指第一指节末端超过大掌骨的末端；肱骨、尺骨和大掌骨的长度之和，与股骨、胫跗骨和跗蹠骨长度之和的比值为 1.1。

词源　属名系化石产地建昌的中文音译。

中国已知种　仅模式种。

分布与时代　辽宁朝阳，早白垩世。

小齿建昌鸟 *Jianchangornis microdonta* Zhou, Zhang et Li, 2009
（图 77）

正模　IVPP V 16078，一具近完整的骨架。产于辽宁建昌，下白垩统九佛堂组；现存于中国科学院古脊椎动物与古人类研究所。

1 cm

图 77　小齿建昌鸟 *Jianchangornis microdonta* 正模（IVPP V 16078）

鉴别特征　同属。

产地与层位　辽宁建昌，下白垩统九佛堂组。

钟健鸟属 Genus *Zhongjianornis* Zhou, Zhang et Li, 2009

模式种　杨氏钟健鸟 *Zhongjianornis yangi* Zhou, Zhang et Li, 2009

鉴别特征　具有如下的特征组合：上、下颌无齿；吻端尖细；肱骨三角肌脊粗大，其宽度接近肱骨，长度约为肱骨长度的 1/3；手指爪节小，略微弯曲；第四蹠骨长度超过第二和第三蹠骨。

中国已知种　仅模式种。

分布与时代　辽宁建昌，早白垩世。

评注　Zhou 等（2010）命名杨氏钟健鸟，原文系统发育研究的结果说明杨氏钟健鸟是非鸟胸类的尾综骨类。O'Connor 和 Zhou（2013）认为杨氏钟健鸟属于今鸟型类。杨氏钟健鸟目前只有一件标本，且保存较差，因此其确切的系统发育位置有赖于新标本的发现。

杨氏钟健鸟 *Zhongjianornis yangi* Zhou, Zhang et Li, 2009
（图 78）

正模　IVPP V 15900，一具近完整的骨架。产于辽宁建昌，下白垩统九佛堂组；现存于中国科学院古脊椎动物与古人类研究所。

鉴别特征　同属。

产地与层位　辽宁建昌，下白垩统九佛堂组。

叉尾鸟属 Genus *Schizooura* Zhou, Zhou et O'Connor, 2012

模式种　李氏叉尾鸟 *Schizooura lii* Zhou, Zhou et O'Connor, 2012

鉴别特征　个体中等的基干今鸟型类，具有如下的特征组合：上、下颌无齿；前上颌骨额突延伸至与额骨相接；左、右鼻骨被前上颌骨额突分离；颧骨纤细；叉骨 V 形，具一短的叉骨突；肱骨三角肌脊宽大，其长度约为肱骨长度的一半；肱骨、尺骨和大掌骨的长度之和，与股骨、胫跗骨和跗蹠骨长度之和近等；跗蹠骨长度约为胫跗骨长度的58%。

中国已知种　仅模式种。

分布与时代　辽宁建昌，早白垩世。

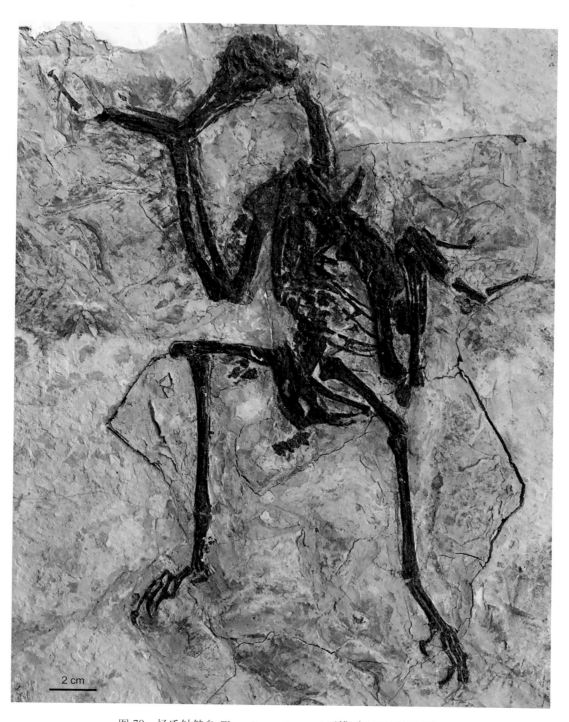

图 78　杨氏钟健鸟 *Zhongjianornis yangi* 正模（IVPP V 15900）

李氏叉尾鸟 *Schizooura lii* Zhou, Zhou et O'Connor, 2012

(图 79)

正模 IVPP V 16861，一具近完整的骨架。产于辽宁建昌，下白垩统九佛堂组；现存于中国科学院古脊椎动物与古人类研究所。

鉴别特征 同属。

产地与层位 辽宁建昌，下白垩统九佛堂组。

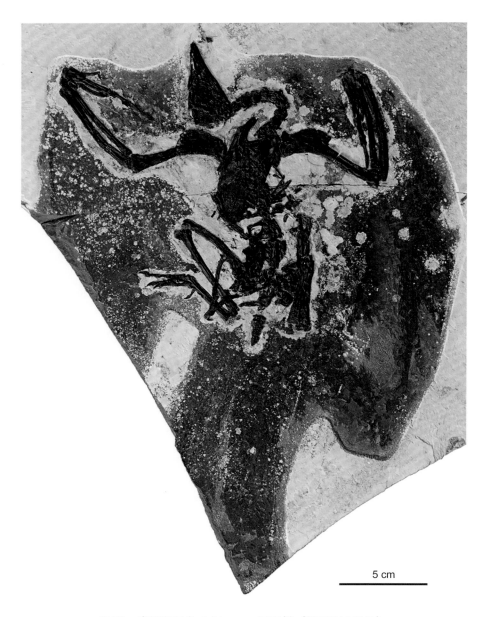

5 cm

图 79 李氏叉尾鸟 *Schizooura lii* 正模 (IVPP V 16861)

玉门鸟属 Genus *Yumenornis* Wang, O'Connor, Li et Hou, 2013

模式种 黄氏玉门鸟 *Yumenornis huangi* Wang, O'Connor, Li et Hou, 2013

鉴别特征 具有如下的特征组合：胸骨前缘尖锐，呈近 90° 角；胸骨发育外侧突，胸骨后缘的外侧梁粗大，其末端膨大；桡骨末端具一深窝；手部与肱骨的长度比值为 1.1。

中国已知种 仅模式种。

分布与时代 甘肃昌马，早白垩世。

黄氏玉门鸟 *Yumenornis huangi* Wang, O'Connor, Li et Hou, 2013
(图 80)

正模 GSGM-06-CM-013，一具不完整的骨架，包括了部分胸骨、完整的右侧肩胛骨和乌喙骨、部分叉骨和完整的右侧前肢。产于甘肃昌马，下白垩统下沟组；现存于中国科学院古脊椎动物与古人类研究所。

鉴别特征 同属。

产地与层位 甘肃昌马，下白垩统下沟组。

图 80 黄氏玉门鸟 *Yumenornis huangi* 正模（GSGM-06-CM-013）

昌马鸟属 Genus *Changmaornis* Wang, O'Connor, Li et Hou, 2013

模式种 侯氏昌马鸟 *Changmaornis houi* Wang, O'Connor, Li et Hou, 2013

鉴别特征 具有如下的特征组合：愈合荐椎至少包括 11 节荐椎，愈合荐椎的椎弓横突长；坐骨发育背突；耻骨末端在内外侧方向上压扁；第一蹠骨呈J形；第二蹠骨滑车的末端未及与第三蹠骨滑车近端面相当的水平位置；脚趾中第三脚趾最长；第三脚趾与胫跗骨的长度比值为0.82；脚爪粗短，屈肌结节微弱发育。

词源　属名系化石产地昌马的中文音译。

中国已知种　仅模式种。

分布与时代　甘肃昌马，早白垩世。

侯氏昌马鸟 *Changmaornis houi* Wang, O'Connor, Li et Hou, 2013
（图81）

正模　GSGM-08-CM-002，一具不完整的骨架。产于甘肃昌马，下白垩统下沟组；现存于中国科学院古脊椎动物与古人类研究所。

鉴别特征　同属。

产地与层位　甘肃昌马，下白垩统下沟组。

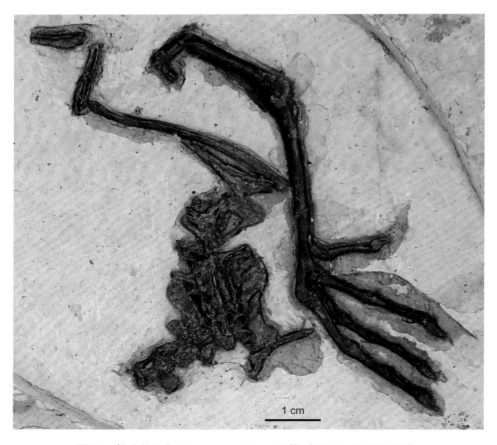

1 cm

图81　侯氏昌马鸟 *Changmaornis houi* 正模（GSGM-08-CM-002）

酒泉鸟属 Genus *Jiuquanornis* Wang, O'Connor, Li et Hou, 2013

模式种 牛氏酒泉鸟 *Jiuquanornis niu* Wang, O'Connor, Li et Hou, 2013

鉴别特征 具有如下的特征组合：叉骨 U 形，不发育叉骨突；胸骨外侧突小；胸骨后缘外侧梁的末端向内侧扩展；胸骨中间梁向远端延伸的程度与外侧梁相当；胸骨剑状突呈 V 形；胸骨后缘不发育窗孔。

中国已知种 仅模式种。

分布与时代 甘肃昌马，早白垩世。

牛氏酒泉鸟 *Jiuquanornis niu* Wang, O'Connor, Li et Hou, 2013
（图 82）

正模 GSGM-05-CM-021，一具不完整的骨架，包括了胸骨、叉骨和部分肋骨。产于甘肃昌马，下白垩统下沟组；现存于中国科学院古脊椎动物与古人类研究所。

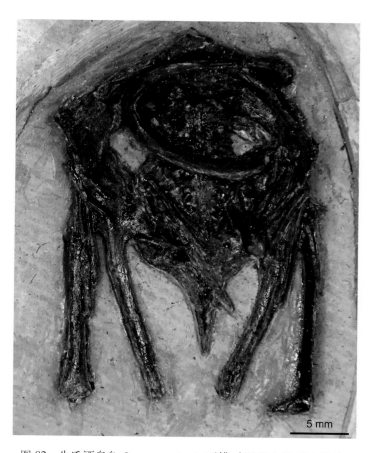

5 mm

图 82 牛氏酒泉鸟 *Jiuquanornis niu* 正模（GSGM-05-CM-021）

鉴别特征 同属。

产地与层位 甘肃昌马，下白垩统下沟组。

评注 GSGM-05-CM-021 由 You 等（2010）首次报道，但是原文未对其命名，将其归入今鸟型类未定属种；Wang Y. M. 等（2013）将其命名为牛氏酒泉鸟。

旅鸟属 Genus *Iteravis* Zhou et O'Connor, 2014

模式种 赫氏旅鸟 *Iteravis huchzermeyeri* Zhou et O'Connor, 2014

鉴别特征 一类个体中等的基干今鸟型类，具有如下的特征组合：前上颌骨位于鼻孔之前的部分长且无齿；上颌骨具多颗牙齿；吻端约为头骨长度的50%；眼眶前缘有一筛骨；小手指第一指节具一结节；耻骨脚向背侧膨大；坐骨细，腹侧凹陷，具一微弱发育的背侧突。

中国已知种 仅模式种。

分布与时代 辽宁凌源，早白垩世。

图 83　赫氏旅鸟 *Iteravis huchzermeyeri* 正模（IVPP V 18958）

赫氏旅鸟 *Iteravis huchzermeyeri* Zhou et O'Connor, 2014

(图 83)

正模 IVPP V 18958，一具近完整的骨架。产于辽宁凌源，下白垩统义县组；现存于中国科学院古脊椎动物与古人类研究所。

鉴别特征 同属。

产地与层位 辽宁凌源，下白垩统义县组。

食鱼鸟属 Genus *Piscivoravis* Zhou, Zhou et O'Connor, 2014

模式种 李氏食鱼鸟 *Piscivoravis lii* Zhou, Zhou et O'Connor, 2014

鉴别特征 一类个体较大的基干今鸟型类，具有如下的特征组合：耻骨近端 1/3–1/2 的内背侧具一深凹；愈合荐椎棘突高，其高度向后逐渐降低；叉骨上升支末端变细；胸骨宽度超过长度；肩胛骨长，末端变细；肱骨三角肌脊向前弯曲；手指爪节大而弯曲；肱骨、尺骨和大掌骨的长度之和，与股骨、胫跗骨和第三蹠骨长度之和的比值为 1.14；跗蹠骨长度约为胫跗骨长度的 58%；胫跗骨近端具两个发育的胫骨脊。

中国已知种 仅模式种。

分布与时代 辽宁建昌，早白垩世。

李氏食鱼鸟 *Piscivoravis lii* Zhou, Zhou et O'Connor, 2014

(图 84)

正模 IVPP V 17078，一具近完整的骨架。产于辽宁建昌肖台子村，下白垩统九佛堂组；现存于中国科学院古脊椎动物与古人类研究所。

鉴别特征 同属。

产地与层位 辽宁建昌，下白垩统九佛堂组。

丽鸟属 Genus *Bellulornis* (Wang, Zhou et Zhou, 2016) Wang, Zhou et Zhou, 2016

模式种 直爪丽鸟 *Bellulornis rectusunguis* (Wang, Zhou et Zhou, 2016) Wang, Zhou et Zhou, 2016

鉴别特征 个体较大的基干今鸟型类，具有如下的特征组合：叉骨呈 V 形，具一短的叉骨突；胸骨后缘具一对外侧梁；外侧梁长，其末端膨大呈扇形；胸骨前缘较宽，其

图 84　李氏食鱼鸟 *Piscivoravis lii* 正模（IVPP V 17078）

上的左、右乌喙骨关节面夹角为钝角；手爪近直；第二至四蹠骨的近端位于同一平面；第四蹠骨粗壮；第一脚爪较小；前肢（肱骨、尺骨和腕掌骨）与后肢长度比值为1.21。

中国已知种　仅模式种。

分布与时代　辽宁建昌，早白垩世。

评注　Wang M. 等（2016d）命名丽鸟属时，其所用拉丁学名为 *Bellulia*。之后发现这一属名被一昆虫使用，Wang M. 等（2016e）将这一属名更改为 *Bellulornis*。

直爪丽鸟 *Bellulornis rectusunguis* (Wang, Zhou et Zhou, 2016) Wang, Zhou et Zhou, 2016
（图 85）

Bellulia rectusunguis：Wang M. et al., 2016d, p. 209, Figs. 1–7

Bellulornis rectusunguis：Wang M. et al., 2016e, p. 695

1 cm

图 85　直爪丽鸟 *Bellulornis rectusunguis* 正模（IVPP V 17970）

正模　IVPP V 17970，一具较完整的骨架，缺失头骨。产于辽宁建昌，下白垩统九佛堂组；现存于中国科学院古脊椎动物与古人类研究所。

鉴别特征　同属。

产地与层位　辽宁建昌，下白垩统九佛堂组。

星海鸟属 Genus *Xinghaiornis* Wang, Chiappe, Teng et Ji, 2013

模式种　林氏星海鸟 *Xinghaiornis lini* Wang, Chiappe, Teng et Ji, 2013

鉴别特征　具有如下特征组合：吻部细长；上、下颌无齿；齿骨具一长凹；叉骨Y形，具一长的叉骨突；肱骨三角肌脊发达；肱骨和桡骨长度之和，与股骨和胫跗骨长度之和的比值为1.2；第二蹠骨的第一蹠骨关节面接近第二蹠骨中段的位置；第一蹠骨滑车较其他蹠骨滑车的位置高。

词源　属名系正模所在博物馆简称的音译。

中国已知种　仅模式种。

分布与时代　辽宁北票，早白垩世。

评注　Wang X. R. 等（2013）命名林氏星海鸟时，将其归入鸟胸类。本书作者认为星海鸟属具有明显的基干今鸟型类特征，如发达的肱骨三角肌脊、肱骨头呈球形、肩胛骨弯曲、脚爪弯曲程度低，这一观点也得到了之后系统发育分析结果的支持（O'Connor et al., 2016）。因此，本书将其归入到今鸟型类。

林氏星海鸟 *Xinghaiornis lini* Wang, Chiappe, Teng et Ji, 2013

（图 86）

正模　XHPM 1121，一具近完整的骨架。产于辽宁北票，下白垩统义县组；现存于大连星海古生物化石博物馆。

鉴别特征　同属。

产地与层位　辽宁北票，下白垩统义县组。

觉华鸟属 Genus *Juehuaornis* Wang, Wang et Hu, 2015

模式种　张氏觉华鸟 *Juehuaornis zhangi* Wang, Wang et Hu, 2015

鉴别特征　个体中等的基干今鸟型类，具有如下的特征组合：前上颌骨吻尖至眼眶前缘的部分约占头骨长度的70%；吻端的加长主要源自上颌骨的加长；前上颌骨的吻端尖且向腹侧勾曲，向前超出下颌的吻端；齿骨吻端直；前上颌骨无齿，上颌骨和齿骨具齿。

图 86　林氏星海鸟 *Xinghaiornis lini* 正模（XHPM 1121）

词源　属名系"觉华"中文音译。

中国已知种　仅模式种。

分布与时代　辽宁凌源，早白垩世。

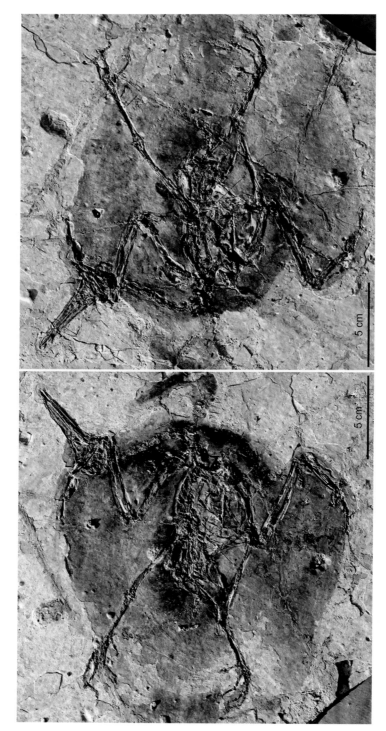

图 87　张氏嵌华鸟 *Juehuaornis zhangi* 正模 (SJG 00001)

张氏觉华鸟 *Juehuaornis zhangi* Wang, Wang et Hu, 2015

（图 87）

正模 SJG 00001，一具近完整的骨架。产于辽宁凌源，下白垩统九佛堂组；现存于觉华岛史迹宫博物馆。

鉴别特征 同属。

产地与层位 辽宁凌源，下白垩统九佛堂组。

丁鸟属？ **Genus *Dingavis* O'Connor, Wang et Hu, 2016 ?**

模式种 ？长上颌丁鸟 *?Dingavis longimaxilla* O'Connor, Wang et Hu, 2016

鉴别特征 个体较大的基干今鸟型类，具有如下的特征组合：前上颌骨吻尖至眼眶前缘的部分约占头骨长度的 63%–65%；吻端的加长主要源自上颌骨的加长；肋骨颧突的后外侧面凹陷；上、下颌无齿；腕掌骨和大手指长度之和比肱骨长 25%；小翼掌骨长度约为大掌骨长度的 13.7%；跗蹠骨的内侧和外侧的掌脊小而尖锐；跗蹠骨的掌面平坦；第二蹠骨明显短于第四蹠骨；第二和第四蹠骨滑车向掌面偏转；第二蹠骨滑车沿内前侧方向强烈倾斜。

中国已知种 仅模式种。

分布与时代 辽宁凌源，早白垩世。

评注 O'Connor 等（2016）归纳长上颌丁鸟的鉴别特征时认为其上、下颌没有牙齿；但原文在形态描述时提到，由于保存的原因，不能排除上颌骨具有牙齿的可能。IVPP V 20284 上下颌闭合，影响了对牙齿存在与否的判断。O'Connor 等（2016）命名长上颌丁鸟时未与已报道的张氏觉华鸟进行比较。上述两属具有大量相似的特征，仅在个别骨骼的相对长度上有细微差异。因此，本书认为长上颌丁鸟有可能是张氏觉华鸟的同物异名，因此在属名上加问号以示其属名有效性存疑，而鉴别特征仅将原文中的内容罗列如上。

？长上颌丁鸟 *?Dingavis longimaxilla* O'Connor, Wang et Hu, 2016

（图 88）

正模 IVPP V 20284，一具近完整的骨架。产于辽宁凌源，下白垩统义县组；现存于中国科学院古脊椎动物与古人类研究所。

鉴别特征 同属。

产地与层位 辽宁凌源，下白垩统义县组。

图 88　? 长上颌丁鸟　?*Dingavis longimaxilla*（IVPP V 20284）

评注　本书认为长上颌丁鸟有可能是张氏觉华鸟的同物异名，因此在属种名前加问号以示其属种名有效性存疑，理由同上。

长嘴鸟属?　Genus *Changzuiornis* Huang, Wang, Hu, Liu, Peteya et Clarke, 2016 ?

模式种　? 安徽地质博物馆长嘴鸟 ?*Changzuiornis ahgmi* Huang, Wang, Hu, Liu, Peteya et Clarke, 2016

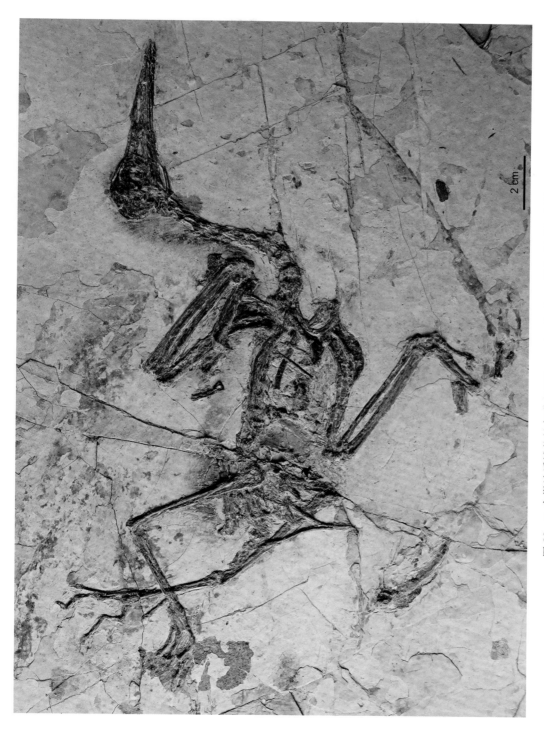

图 89 ？安徽地质博物馆长嘴鸟 ?*Changzuiornis ahgmi* 标本 (AGB 5840)

鉴别特征 个体较大的基干今鸟型类，具有如下的特征组合：前上颌骨吻尖至眼眶前缘的部分约占头骨长度的 68%；吻端的加长主要源自上颌骨的加长。下颌具多颗小的牙齿；叉骨 U 形；大、小掌骨末端延伸程度相当；头骨较丁鸟属长 15%；大手指的第二指节长于第一指节。长嘴鸟具有如下特征区别于鱼鸟和黄昏鸟：牙齿小，齿尖弯曲程度低；齿骨后端分叉；耻骨联合发育；叉骨上升支粗短；乌喙骨的胸骨关节面较短；肩胛骨肩峰突较长。

分布与时代 辽宁凌源，早白垩世。

评注 张氏觉华鸟（*Juehuaornis zhangi*）、? 长上颌丁鸟（?*Dingavis longimaxilla*）以及? 安徽地质博物馆长嘴鸟（?*Changzuiornis ahgmi*）都具有相对加长的吻部，而这一加长的吻部来自于上颌骨的加长，这一特征未在其他中生代今鸟型类以及现生鸟类出现。O'Connor 等（2016）命名长上颌丁鸟时未与已报道的张氏觉华鸟进行比较；Huang 等（2016）命名安徽地质博物馆长嘴鸟时，归纳了其与张氏觉华鸟、长上颌丁鸟的区别，但这些区别主要是个别骨骼的相对长度（如头骨、肩胛骨、手指指节）。Huang 等（2016）在原文中指出如果新的发现证实上述三个属种属于同一个属，基于优先的原则，那么觉华鸟属的属名有效。本书认为安徽地质博物馆长嘴鸟有可能是张氏觉华鸟的同物异名，因此在属名上加问号以示其属名有效性存疑，而鉴别特征仅将原文中的内容罗列如上。

? 安徽地质博物馆长嘴鸟 ?*Changzuiornis ahgmi* Huang, Wang, Hu, Liu, Peteya et Clarke, 2016

（图 89）

标本 AGB 5840，一具近完整的骨架。产于辽宁凌源，下白垩统九佛堂组；现存于安徽省地质博物馆。

鉴别特征 同属。

词源 属名系中文"长嘴"的音译，种名系正模所在博物馆名称的首字母。

产地与层位 辽宁凌源，下白垩统九佛堂组。

第三部分　新生代鸟类

古颚类　PALAEOGNATHAE

鸵鸟目　Order STRUTHIONIFORMES Latham, 1790

定义与分类　鸵鸟以及和鸵鸟关系最近的一类大型飞行鸟类，系统关系位于鸟类冠群以及古颚类的基干部。包含1科（鸵鸟科）1属（鸵鸟属）。原本包含在鸵鸟目的其他不飞鸟类，分别成立出单独的属（如鹤鸵、鸸鹋和无翼鸟等），它们和鸵鸟目以及鹬鸵共有一个最近的古颚类祖先。

形态特征　体型大，不能飞行，胸骨平，并伴随着肩带和前肢的骨骼退化为其主要特征；叉骨退化或消失；头骨腹侧的腭骨、犁骨和翼骨等呈古颚型（palaeognathous）的连接方式，颚区骨骼（例如腭骨、翼骨、犁骨）形态也显著区别于所有新颚型鸟类（Neognathae）。

分布与时代　主要分布于非洲、中亚、南亚以及东欧；最早的鸵鸟类化石出现于纳米比亚的早中新世，中晚中新世扩散到欧亚等地，与现代非洲鸵鸟关系最近的大部分化石出现在中新世到全新世。

鸵鸟科　Family Struthionidae Vigors, 1825

模式属　鸵鸟属 Struthio Linnaeus, 1758（现生属）

鉴别特征　不飞的大型鸟类。肩带以及前肢骨骼退化，肩胛骨和乌喙骨愈合，且关节窝方向呈背侧向，胸骨前端的柄状突缺失，胸骨较平，龙骨突不发育，跗蹠骨远端的第II滑车退化，仅有两个脚趾。羽毛形态简单；鸣管结构简单，叫声单一，基舌骨短宽，成扁平片状，上舌软骨在颈部向后下方弯曲，骨化程度较弱（Sibley et Ahlquist, 1990）。

中国已知属　仅模式属。

分布与时代　现代鸵鸟的两个种（非洲鸵鸟和索马里鸵鸟）仅分布于非洲，而鸵鸟属的化石种则广布于非洲、亚洲和欧洲，时代从中新世一直延续到更新世。

评注　鸵鸟化石种广泛分布于新近纪的欧亚大陆，如我国北方多地，但这些类群在更新世晚期全部灭绝。

鸵鸟属 Genus *Struthio* Linnaeus, 1758

模式种 非洲鸵鸟 *Struthio camelus* Linnaeus, 1758

鉴别特征 大型不飞鸟类，头骨古颚型；后肢长，髂骨背面在髋臼向后部分迅速变窄，胫跗骨末端的骨质腱桥缺失，跗蹠骨较长，第二滑车以及相关联的远端趾节退化，仅有两趾（即第一蹠骨滑车以及第一趾缺失），手指细弱。

中国已知种 临夏鸵鸟 *Struthio linxiaensis* Hou, Zhou, Zhang et Wang, 2005 和维氏鸵鸟 *Struthio wimani* Lowe, 1931。

分布与时代 亚洲、欧洲和非洲北部，中新世到第四纪。

评注 鸵鸟属最早在林奈命名时包括了其他平胸类鸟类（鹤鸵、鸸鹋和美洲鸵），但最新的基于分子生物证据的分类则仅仅包括鸵鸟属，而把其他一些单元从古颚类分出，各自成为属一级的单元（Sibley et Ahlquist, 1990）。另外，分布于我国的安氏鸵鸟（*Struthio anderssoni*）的命名仅根据蛋片形态，为蛋化石种（oospecies），广布于我国北方不同地点以及层位，在红黏土到黄土中都有鸵鸟蛋壳化石的发现（杨钟健、孙艾玲，1960；安芷生，1964）。关于我国鸵鸟种的数目，由于蛋化石种（oospecies）和骨骼化石种的交叉命名，尚需进一步厘定。

临夏鸵鸟 *Struthio linxiaensis* Hou, Zhou, Zhang et Wang, 2005

（图 90）

正模 HMV 1381，不完整腰带和髂骨。产于甘肃广河；现存于和政古动物化石博物馆。

副模 IVPP V 14399，不完整腰带。

鉴别特征 大型鸵鸟。髂骨髋臼前翼较大而且内凹，髂骨髋臼后部分明显长于其前部分，髋臼后翼较现代鸵鸟者宽，髂骨背侧脊明显突出，较现生鸵鸟者略大，而背侧的最高点在髋臼靠前的地方，不同于现代鸵鸟者；愈合荐椎腹侧存在明显的肌肉附着突起。

产地与层位 甘肃广河阳洼铺子，上中新统柳树组。

评注 王烁（2008）建议把临夏鸵鸟更改为东方鸟属（临夏东方鸟 *Orientornis linxiaensis*），以与现生鸵鸟区分，但这一意见并未被广泛接受。本书仍将临夏鸵鸟归为鸵鸟属。

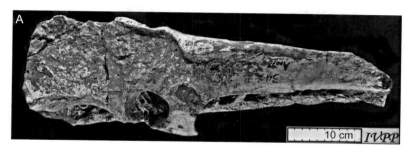

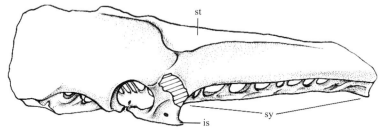

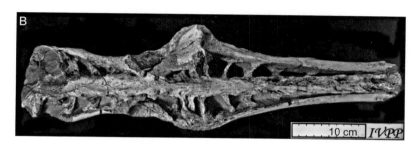

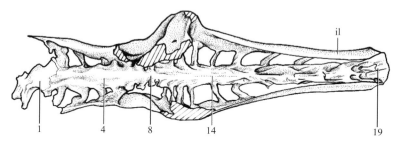

图 90 临夏鸵鸟 *Struthio linxiaensis* 正模（HMV 1381）照片和线条图
A. 侧视；B. 腹视（引自 Hou et al., 2005）。
il. 髂骨，is. 坐骨，st. 上滑车突起，sy. 愈合荐椎，1, 4, 8, 14, 19. 代表荐椎的数目

维氏鸵鸟 *Struthio wimani* Lowe, 1931

（图 91）

正模 编号未知，一不完整腰带以及部分破碎的蛋片。产于我国山西保德；现存于瑞典乌普萨拉大学演化博物馆。

鉴别特征 髂骨中部强烈突起，前髂骨部分较高，第一荐椎棘突高（约136 mm）。上转子滑车被反转子滑车推向前侧。

产地与层位 山西保德戴家沟，上中新统保德组红黏土层。

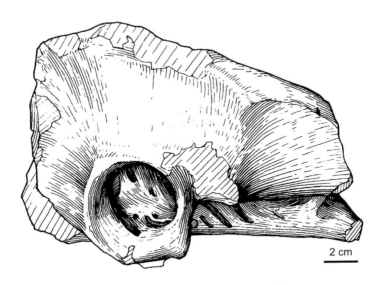

2 cm

图 91 维氏鸵鸟 *Struthio wimani* 正模
腰带外侧视线条图（引自 Li J. L. et al., 2008）

新颚类 NEOGNATHAE Pycraft, 1900

加斯东鸟形目 Order GASTORNITHIFORMES Stejneger, 1885

定义与分类 Andors（1992）认为其与雁形目为姐妹群，Buffetaut 和 Angst（2014）根据其具有与鸡雁小纲（Galloanseres）相似的近裔特征（如基蝶骨突、方骨、反关节突等），也认为其亲缘关系与现代的雁形目（Anseriformes）较为接近。

加斯东鸟科 Family Gastornithidae Fürbringer, 1888

模式属 加斯东鸟属 *Gastornis* Hébert, 1855

形态特征 巨大的不飞鸟类，善于奔跑，类似于鸵鸟类，但其骨骼腔壁更为厚重，具有厚重而侧扁的前颌骨。

分布与时代 亚欧、北美，晚古新世到中始新世。

加斯东鸟属 Genus *Gastornis* Hébert, 1855

淅川加斯东鸟 *Gastornis xichuanensis* Buffetaut, 2013
(图 92)

Zhongyuanus xichuanensis：侯连海，1980，111–115 页

正模 IVPP V 5864，左胫跗骨远端。产于河南淅川；现存于中国科学院古脊椎动物与古人类研究所。

鉴别特征 大型鸟类，骨质腱桥靠近内侧，髁间切迹呈 V 形，前后较深，外关节髁较为突出。

词源 属名系模式属所在的法国化石点的首次发现者，种名为模式种产出地点。

产地与层位 河南淅川，下始新统玉皇顶组。

评注 侯连海（1980）将其作为模式种建立了 *Zhongyuanus*（中原鸟属），Buffetaut（2013）认为中原鸟属与已知的 *Gastornis* 相似，两者间特征区别并不显著，不建议另立新属，而将其归入到 *Gastornis* 中。另外，北美始新世的 *Diatryma* 也可能为 *Gastornis* 的

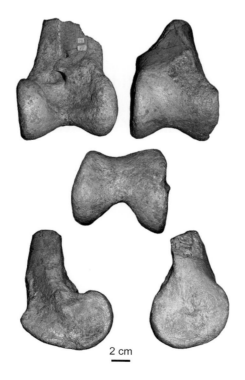

2 cm

图 92 淅川加斯东鸟 *Gastornis xichuanensis* 正模（IVPP V 5864）
左胫跗骨远端前、后视（上）和远端视（中），以及内、外侧视（下）（引自 Buffetaut, 2013）

同属异名（见 Buffetaut et Angst, 2014）。鉴于目前与欧洲标本对比不充分，*Gastornis* 属中不同种的特征有待进一步确定。

鸡形目 Order GALLIFORMES Linnaeus, 1758

概述　鸡形目是全球各大洲均有分布的一类体态笨重的地栖鸟类，多数以短翅长尾为主要特征，地面筑巢。胸骨龙骨突和胸肌发达，通常为短距离扇翅飞行，不能长距离飞行迁徙，善奔走，具有嗉囊和肌胃，并利用胃石帮助消化食物，多数具有显著的雌雄异型。总共有 70 多属以及 250 多种，包括了重要的具有经济价值的鸟类。生态型分化大，从热带雨林到极地苔原均有发现。

定义与分类　一类体型中到大型、地面栖息的鸟类，冠群主要大类分为凤冠雉科、冢雉科、齿鹑科、雉科、珠鸡科。

形态特征　早成性鸟类，翅膀短圆，善于奔走，扩散迁徙能力差，爆发式起飞。胸骨两侧一般具有两个较深的后凹陷，鸣管为气管 - 支气管型（Sibley et Ahlquist, 1990）。嗉囊大，肌胃肌壁厚，基蝶骨突和翼骨后部相连，幼鸟早成。

分布与时代　全球性分布，古近纪到现代。早期的干群化石分布以欧洲为主，因此推断为旧大陆起源；我国鸡形目种类数量众多，分布广泛，东南部地区尤甚，被认为是现代雉鸡类的辐射中心。

珠鸡科 Family Numididae Longchamps, 1842

原秧鸡属 Genus *Telecrex* Wetmore, 1934

模式种　戈氏原秧鸡 *Telecrex grangeri* Wetmore, 1934

鉴别特征　股骨近视内外向伸长；显著的脊沿着股骨反滑车关节面的前边缘，连接起滑车和股骨头；股骨滑车和股骨头之间的空间较宽。

中国已知种　仅模式种。

分布与时代　中国、法国，始新世。

戈氏原秧鸡 *Telecrex grangeri* Wetmore, 1934

(图 93，图 94)

正模　AMNH 2942，右股骨，远端部分缺失。产于我国内蒙古；现存于美国自然历史博物馆。

鉴别特征 股骨前后骨体扁，较为细长，近端侧面肌结节发育，形态类似于珠鸡类，且两对呈上下排列。

产地与层位 内蒙古沙拉木伦地区（Chimney Butte），现在为乌兰胡秀附近，中始新统。

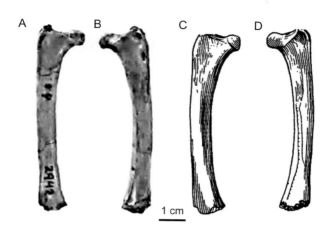

图 93 戈氏原秧鸡 *Telecrex grangeri* 正模（AMNH 2942）
右股骨照片（引自 Olson, 1974）和线条图（引自 Wetmore, 1934）：A, C. 前视，B, D. 后视

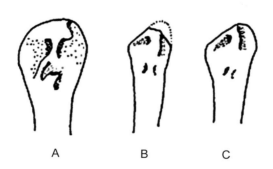

图 94 戈氏原秧鸡 *Telecrex grangeri* 与其他相关鸟类股骨近端外侧视对比图
A. 绿水鸡 *Gallinula mortierii*；B. 戈氏原秧鸡 *Telecrex grangeri*；C. 黑珠鸡 *Agelastes niger*（引自 Olson, 1974）

评注 早先 Wetmore（1934）将戈氏原秧鸡归入秧鸡科，后来 Olson（1974）改归到珠鸡科，但戈氏原秧鸡在珠鸡科中的具体分类位置尚不明确，是珠鸡在亚洲的最早记录。内蒙古沙拉木伦是我国新生代早期重要的鸟类化石地点，除原秧鸡外，还有始鹤类和猛禽标本的发现，这批标本均来自美国主导的中亚古生物考察，以及更晚一些时候的中苏古生物联合考察。

雉科 Family Phasianidae Vieillot, 1816

模式属 雉属 *Phasianus* Linnaeus, 1758

鉴别特征 短而圆形的翅膀，尾羽长，地面筑巢，雄鸟羽毛鲜艳亮丽且具有头部装饰（如羽冠、喉部肉垂），雌鸟色暗，多数种类性双型明显，雄性个体后肢具有跗蹠骨骨刺（spur）。

中国已知属（化石） 临朐鸟属 *Linquornis* Ye, 1980，山东鸟属 *Shandongornis* Ye, 1977，古竹鸡属 *Palaeoalectoris* Hou, 1987，滇原鸡属 *Diangallus* Hou, 1985，盘绕雉属 *Panraogallus* Li, Clarke, Eliason, Stidham, Deng et Zhou, 2018，雉属 *Phasianus* Linnaeus, 1758。

分布与时代 世界性广布，从中新世中期一直延续到现代。中国南方是雉科的辐射中心。

评注 雉科为鸡形目中最大的一个分支，包括 150 多个现生种。全世界分布。很多被驯化。体型差异显著，小至鹌鹑、大至火鸡。

临朐鸟属 Genus *Linquornis* Ye, 1980

硕大临朐鸟 *Linquornis gigantis* Ye, 1980

（图 95）

正模 (SDM) ShM H11.159，不完整个体，两后肢保存较完整，一侧前肢基本保存。发现于山东临朐；现存于山东博物馆。

鉴别特征 体型较大，骨头粗壮，第三掌骨显著弯曲，跗蹠骨比第三趾的总长度要长，但是比胫跗骨短，不等趾型（或称常态足，三趾向前），拇指短且高，趾节骨粗大。

产地与层位 山东临朐原尧山公社解家河硅藻土矿，中中新统山旺组。

评注 具体系统分类学位置仍需仔细分析。

山东鸟属 Genus *Shandongornis* Ye, 1977

山旺山东鸟 *Shandongornis shanwanensis* Ye, 1977

（图 96）

正模 (SDM) ShM H11.158，近乎完整个体。产于山东临朐；现存于山东博物馆。

鉴别特征 中等大小鸟类，头骨较大，短喙，上喙缘比下部稍长，并向下略曲，跗蹠骨比胫跗骨的一半略长，具有胃石。

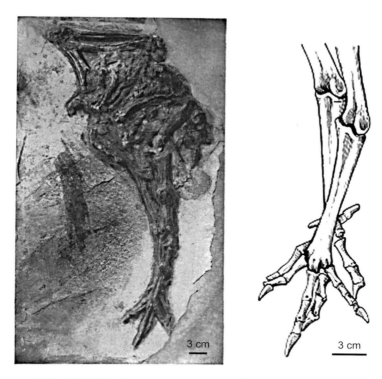

图 95 硕大临朐鸟 *Linquornis gigantis* 正模 [(SDM) ShM H11.159]
照片以及后肢线条图（引自叶祥奎，1980）

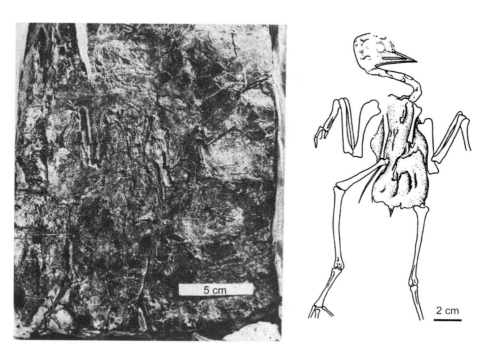

图 96 山旺山东鸟 *Shandongornis shanwanensis* 正模 [(SDM) ShM H11.158]
照片（引自叶祥奎，1977）和线条图（引自 Li J. L. et al., 2008）

产地与层位　山东临朐原尧山公社解家河，中中新统山旺组。

评注　山东山旺组的硅藻土地层中发现的鸟类化石多较完整，但由于初期研究粗略，多数分类位置并不明确。在挖掘出土后的环境变化中，标本经历了吸湿、氧化等作用，骨骼多数保存松散，骨质较差。虽然经叶祥奎（1977）初步鉴定认为 *Shandongornis* 属于雉科鸟类，但其和现代雉类骨骼的共近裔性状并不明确，因此全面对比可能会产生新的认识，具体系统分类学位置有待进一步核实。由于保存以及早期研究不够细致，分类位置亟需进一步确定。

山旺山东鸟（相似种）　*Shandongornis* cf. *shanwanensis* Ye et Sun, 1984
（图 97）

正模　标本号未知，躯干大部分骨骼，以及一个后肢的正、副本。产于山东临朐；现存于山旺古生物化石博物馆。

鉴别特征　不等趾型（三趾向前），拇指短且高，肢骨比例与山旺山东鸟近似。

产地与层位　山东临朐原尧山公社解家河，中中新统山旺组。

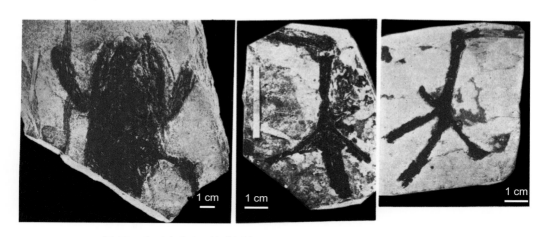

图 97　山旺山东鸟（相似种）*Shandongornis* cf. *shanwanensis* 正模
左、躯干标本；中、后肢正本；右、后肢副本（引自叶祥奎、孙博，1984）

古竹鸡属　Genus *Palaeoalectoris* Hou, 1987

松林古竹鸡　*Palaeoalectoris songlinensis* Hou, 1987
（图 98）

正模　IVPP V 7139，左尺骨远端；IVPP V 8057，左跗蹠骨远端。产于江苏泗洪；

现存于中国科学院古脊椎动物与古人类研究所。

鉴别特征　尺骨末端略扩展。尺骨远端外髁收缩，远端跗蹠骨前后窄，滑车间距大，与石鸡属（*Alectornis*）特征较为接近。第二蹠骨滑车较第四蹠骨滑车稍短。

产地与层位　江苏泗洪松林庄，中中新统下草湾组（下部）。

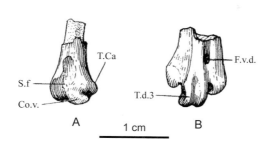

图 98　松林古竹鸡 *Palaeoalectoris songlinensis* 正模

A. IVPP V 7139，左尺骨远端；B. IVPP V 8057，左跗蹠骨远端（引自侯连海，1987）。
Co.v. 腹侧髁，F.v.d. 远端血管孔，S.f. 舟状骨面，T.Ca. 腕骨结节，T.d.3. 第三蹠骨滑车

雉属　Genus *Phasianus* Linnaeus, 1758

禄丰雉　*Phasianus lufengia* Hou, 1985

（图 99）

正模　IVPP V 7134，一对胫跗骨远端和不完整右跗蹠骨。产于云南禄丰；现存于中国科学院古脊椎动物与古人类研究所。

鉴别特征　胫跗骨前后扁，胫跗骨远端内外髁宽展，内髁膨大，髁间窝宽且深，跗蹠骨较细，具有扁锥形的骨距，末端滑车略微拱起。

产地与层位　云南禄丰，上中新统石灰坝组。

滇原鸡属　Genus *Diangallus* Hou, 1985

中新滇原鸡　*Diangallus mious* Hou, 1985

（图 100）

正模　IVPP V 7133，右跗蹠骨。产于云南禄丰；现存于中国科学院古脊椎动物与古人类研究所。

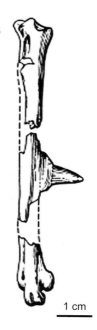

图 99　禄丰雉 *Phasianus lufengia* 正模（IVPP V 7134）

A. 胫跗骨远端线条图；B. 跗蹠骨前视线条图（引自侯连海，1985a）

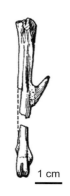

图 100　中新滇原鸡
Diangallus mious 正模
（IVPP V 7133）
右跗蹠骨前视线条图
（引自侯连海，1985a）

鉴别特征　跗蹠骨骨体较宽，第三蹠骨滑车面弯曲。近似原鸡属，骨壁厚，胫前肌结节膨大，第三蹠骨滑车向上拱起，跗蹠骨骨距长且向后方延伸。

产地与层位　云南禄丰石灰坝，上中新统。

盘绕雉属 Genus *Panraogallus* Li, Clarke, Eliason, Stidham, Deng et Zhou, 2018

和政盘绕雉 *Panraogallus hezhengensis* Li, Clarke, Eliason, Stidham, Deng et Zhou, 2018

（图 101）

正模　HMV 1876，近乎完整个体。产于甘肃广河；现存于和政古动物化石博物馆。

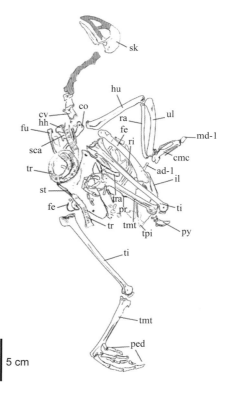

图 101　和政盘绕雉 *Panraogallus hezhengensis* 正模（HMV 1876）
标本照片以及线条图（引自 Li et al., 2018）。
ad-1. 小翼指第一指节，co. 乌喙骨，cmc. 腕掌骨，cv. 颈椎，fe. 股骨，fu. 叉骨，hh. 肱骨头，hu. 肱骨，il. 髂骨，md-1. 第三指第一指节，ped. 脚趾，pr. 蹠骨距突，py. 尾综骨，ra. 桡骨，ri. 肋骨，sca. 肩胛骨，sk. 头骨，st. 胸骨，ti. 胫跗骨，tmt. 跗蹠骨，tpi. 坐骨末端突起，tr. 气管骨环，tra. 胸骨侧柱，ul. 尺骨

鉴别特征　下颌骨后孔消失；胸骨突隆起发育，外侧支细长，且与胸骨主体形成较深的后凹陷，气管软骨骨化并特别加长且盘绕在胸骨前，掌骨间突发育；股骨较粗壮，前胫骨脊突出，跗蹠骨骨距显著，代表了雉鸡类的雄性特征。

产地与层位　甘肃广河，上中新统柳树组。

评注　特殊的气管加长在雉鸡类中较为少见，现代鸟类中只在西方榛鸡和岩雷鸟中有过报道，而 Li 等（2018）报道的和政盘绕雉是雉鸡类气管加长特征出现的最早化石记录，并且其气管总长度估计大于体长。

雁形目　Order ANSERIFORMES Linnaeus, 1758

概述　世界广布型游禽，可以栖息在各种水域，具有宽而扁长的喙部，并多具有锯齿或沟槽状"嘴甲"，基蝶骨突和翼骨的关节位置较靠前，胸骨两侧仅有一对内切迹，靠近后侧边缘，前三趾间联合，具有脚蹼；多为短腿，尖形的翅膀，持续拍翅飞行。多数（雄性）鸭科鸣管的左侧具有骨质囊，油脂腺大，多数雌雄差异色，雄性具有交接器。

定义与分类　大中型水禽，主要由两个科组成，即鸭科（Anatidae）和叫鸭科（Anhimidae）。鸭科包含了雁形目的主要类群，如鸭、潜鸭、天鹅等；叫鸭科仅包括 2 属 3 种。

形态特征　鸭科种类较多，羽毛致密，前趾间多具有全脚蹼；叫鸭科体型大，骨骼充气程度高，翼上具尖利的距。

分布与时代　世界性分布，晚白垩世至今。现代雁形目除南极外全球分布。

鸭科　Family Anatidae Leach, 1820

中华河鸭属　Genus *Sinanas* Ye, 1980

硅藻中华河鸭　*Sinanas diatomas* Ye, 1980
（图 102）

正模　(LqPM) LPM S 600002，近完整个体，仅缺少头骨前端以及部分后肢。产于山东临朐；现存于山东博物馆。

鉴别特征　中等大小，与其他鸭科类似，头骨下颌反关节突显著加长，腕掌骨间距窄，颈椎多于 13 个，肱骨三角肌脊较窄，长度稍微超过尺骨，跗蹠骨短，腰带较长，且前髋臼长于后部。第二、四蹠骨滑车窄，并向腹侧偏转突出，第一趾短且位置较高。

产地与层位　山东临朐，中中新统山旺组。

评注　目前照片显示属于雁形目的特征主要包括：头骨下颌反关节突延伸呈长片状以及跗蹠骨短、趾节骨长、爪小等。由于标本修理不完善，许多特征的细节不清楚，致使其具体分类位置仍需要进一步研究。

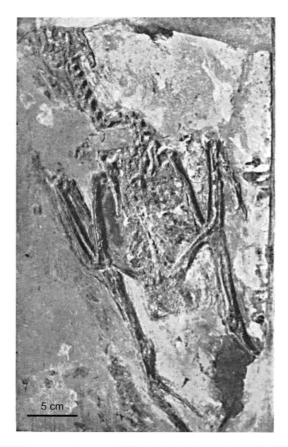

图 102　硅藻中华河鸭 *Sinanas diatomas* 正模 [(LqPM) LPM S 600002]（引自叶祥奎，1980）

潜鸭属　Genus *Aythya* Boie, 1822

石灰坝潜鸭 *Aythya shihuibas* Hou, 1985
（图 103）

正模　IVPP V 7137，肱骨近端。产自云南禄丰；现存于中国科学院古脊椎动物与古人类研究所。

鉴别特征　近端顶脊缺失，腹侧三角肌气腔较深，伴有骨质小支柱分割而形成的众多微气孔。三角肌脊不膨大，顶部韧带沟深。

产地与层位　云南禄丰，上中新统石灰坝组。

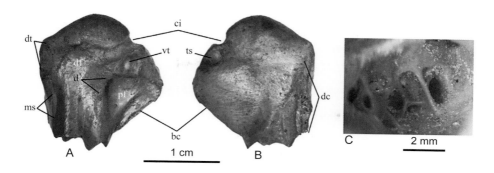

图 103 石灰坝潜鸭 *Aythya shihuibas* 正模 （IVPP V 7137）

A, B. 近端肱骨后视和前视照片；C. 三角肌气腔内视图（引自 Stidham, 2015）。
bc. 二头肌脊，ci. 顶沟，d. 凹陷，dc. 三角肌脊，df. 凹坑，dt. 背结节，ms. 肌痕，pf. 腹侧三角肌气腔气孔，
ts. 横向韧带沟，vt. 腹肌节

鹤形目 Order GRUIFORMES Linnaeus, 1758

概述 鹤形目为一大类较为松散的以涉禽为主的分类组合，主要包括鹤科和秧鸡科，代表了现代鸟类基干部快速分化后的多分支集合，多为陆栖或湿地鸟类。

定义与分类 最新的分子系统学研究不支持鹤形目在传统分类下为单系类群。鹤形目核心成员的化石记录较丰富，包括秧鸡、鹤、日鳽科以及它们的近缘种类（Fain et al., 2007）。

形态特征 头骨裂颚型，一般喙较长，颈部和脚均较长，后趾退化，且位置较高，适于奔跑，翅膀大且呈短圆形。脚趾细长，趾间不具脚蹼，鸣管为气管 - 支气管型。

分布与时代 世界性分布，古新世到第四纪。

秧鸡科 Family Rallidae Vigors, 1852

定义与分类 中小型涉禽，世界广布种，习性隐秘，通常活动于沼泽地带，喙长直或短钝，腿以及脚趾细长，翅短不善飞行，但善于奔跑，大多种属可游泳且适于涉水取食。现代秧鸡类有 44 属 152 种。

杨氏鸟属 Genus *Youngornis* Ye, 1981

秀丽杨氏鸟 *Youngornis gracilis* Ye, 1981

（图 104）

Youngornis qiluensis：叶祥奎、孙博，1989，178 页，图 1

正模 (LqPM) LPM S 60003，完整骨架。产于山东临朐；现存于临朐县文化馆。

鉴别特征 小型鸟类，颈部较长，喙短且粗壮，肱骨比尺骨长，后肢骨细长，第三趾节全长长于跗蹠骨。腹部存有胃石。

产地与层位 山东临朐解家河硅藻土矿，中中新统山旺组。

评注 叶祥奎和孙博（1989）还曾报到了该属的另一种——齐鲁杨氏鸟（*Youngornis qiluensis*），但其与秀丽杨氏鸟的主要区别在原文中仅列举了体型及肢骨比例的细微不同，在标本的详细再研究之前不建议列为新种，应列为同物异名。对于杨氏鸟早期研究不够细致，详细鉴定特征与分类位置亟需进一步确定。

图 104 秀丽杨氏鸟 *Youngornis gracilis* 正模 [(LqPM) LPM S 60003]
完整骨架照片以及左脚局部照片（黑色矩形位置）（引自叶祥奎，1981）

皖水鸡属 Genus *Wanshuina* Hou, 1994

李氏皖水鸡 *Wanshuina lii* Hou, 1994
（图 105）

正模 IVPP V 10529，右肱骨中段，左胫跗骨远端以及左跗蹠骨近端，可能属于同一个体。产于安徽潜山；现存于中国科学院古脊椎动物与古人类研究所。

鉴别特征 胫跗骨伸肌沟在远端靠近内侧，关节髁向两侧扩展不显著，外髁较圆，骨质腱桥位置较低，髁间沟较窄，跗蹠骨近端顶部两杯状窝大小近似，杯间窝隆起较低，下髁窝发育，并向远端延伸较长。代表了一类中小型的秧鸡。

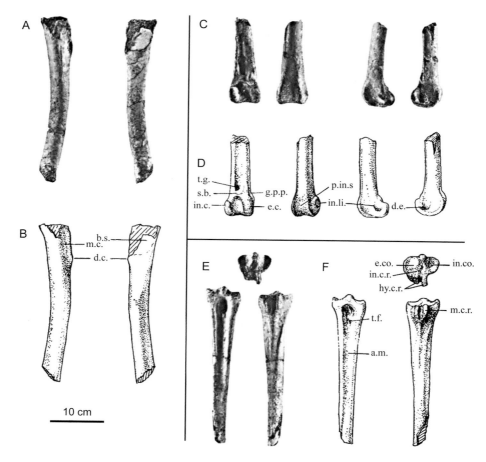

图 105 李氏皖水鸡 *Wanshuina lii* 正模（IVPP V 10529）

A, B. 肱骨前后视照片与线条图；C, D. 胫跗骨远端前后视和内外侧视照片与线条图；E, F. 跗蹠骨前后视以及顶视照片与线条图（引自侯连海，1994a）。

a.m. 蹠骨前沟，b.s. 肱二头肌面，d.c. 三角肌脊，d.e. 外侧上髁压痕，e.c. 外髁，e.co. 外杯状窝，g.p.p. 腓深肌沟，hy.c.r. 下跗骨脊，in.c. 内髁，in.co. 内杯状窝，in.c.r. 髁间突起，in.li. 内韧带脊，m.c. 膜中脊，m.c.r. 内侧胫骨脊，p.in.s. 后髁间窝，s.b. 骨质腱桥，t.f. 胫前肌结节，t.g. 肌腱沟

词源　属名系中文安徽水鸡的音译，种名系纪念化石采集者李传夔教授。

产地与层位　安徽潜山，中古新统痘姆组。

评注　Mayr（2009）认为 *Wanshuina* 与德国晚古新世的 *Walbeckornis* 很可能有较近的亲缘关系。

松滋鸟科　Family Songziidae Hou, 1990

模式属　松滋鸟属 *Songzia* Hou, 1990

鉴别特征　类似秧鸡一类的小型鸟类，喙相对短，后肢细长，前肢较短，肢骨比例与水鸡（*Gallinula*）相近。股骨长，并接近跗蹠骨的长度，尺骨短，大脚趾以及其他脚趾的趾节都很细长，第三趾的总长度接近跗蹠骨长。胫跗骨远端两髁向内侧倾斜，侧视成球状，外髁不向外扩展。

中国已知属　仅模式属。

分布与时代　湖北松滋，早始新世。

松滋鸟属　Genus *Songzia* Hou, 1990

模式种　黑档口松滋鸟 *Songzia heidangkouensis* Hou, 1990

鉴别特征　额骨突起，喙短，喙部长度大约为头长的 1/3，尺骨短且粗壮，比肱骨短，胫跗骨远端骨质腱桥发育，脚趾趾节长，跗蹠骨细长，超过胫跗骨长度的 2/3。胸骨宽，并存在两个浅的后内切凹。脚趾长，最长的第三趾总长度接近跗蹠骨长度。

词源　属名系化石地点的中文音译。

中国已知种　黑档口松滋鸟 *Songzia heidangkouensis* Hou, 1990，尖爪松滋鸟 *Songzia acutunguis* Wang, Mayr, Zhang et Zhou, 2013。

分布与时代　湖北松滋，早始新世。

黑档口松滋鸟　*Songzia heidangkouensis* Hou, 1990

（图 106）

正模　IVPP V 8756，不完整个体，包括头骨，部分前肢以及腰带和后肢。产于湖北松滋；现存于中国科学院古脊椎动物与古人类研究所。

鉴别特征　头骨全鼻型，下颌后关节突不发育，嘴峰长度较脑颅长度短，尺骨直，胫跗骨远端内关节髁发育呈球形，骨质腱桥结节特别发育，第三趾节全长接近跗蹠骨。

产地与层位　湖北松滋，下始新统洋溪组。

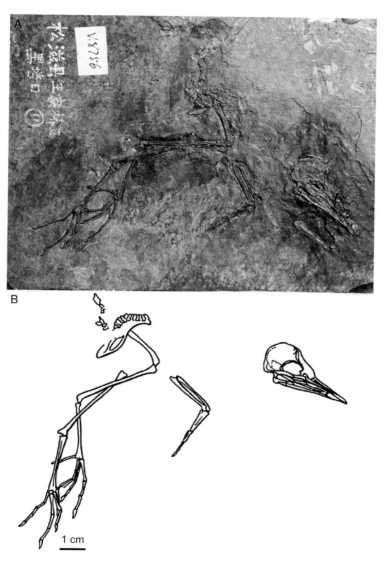

图 106　黑档口松滋鸟 *Songzia heidangkouensis* 正模（IVPP V 8756）

A. 化石照片；B. 线条图（引自侯连海，1990）

尖爪松滋鸟 *Songzia acutunguis* Wang, Mayr, Zhang et Zhou, 2012

（图 107，图 108）

正模　IVPP V 18188，完整个体。产于湖北松滋；现存于中国科学院古脊椎动物与古人类研究所。

归入标本　IVPP V 18187，近完整个体。产于湖北松滋；现存于中国科学院古脊椎动物与古人类研究所。

鉴别特征　比黑档口松滋鸟大，爪子尖长且更弯曲，第三趾的第二趾节长过末端趾节。

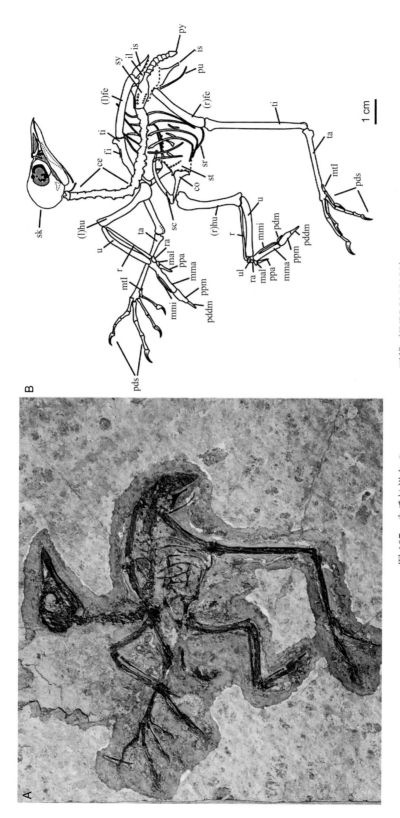

图 107 尖爪松滋鸟 *Songzia acutunguis* 正模 (IVPP V 18188)。

照片和线条图 (引自 Wang M. et al., 2012b)。

ce. 颈椎，co. 乌喙骨，fe. 股骨，fi. 腓骨，hu. 肱骨，il. 髂骨，is. 坐骨，mal. 小翼掌骨，mma. 大手掌骨，mmi. 小掌骨，mtl. 第一跖骨，pddm. 大手指远端指节，pdm. 小指指节，pds. 脚趾，ppa. 小翼指近端指节，ppm. 大手指近端指节，pu. 耻骨，py. 尾综骨，r. 桡骨，ra. 桡腕骨，sc. 肩胛骨，sk. 头骨，st. 胸骨，sy. 愈合荐椎，ta. 跗跖骨，ti. 胫跗骨，u. 尺骨，ul. 尺腕骨，(l) (r) 代表左、右

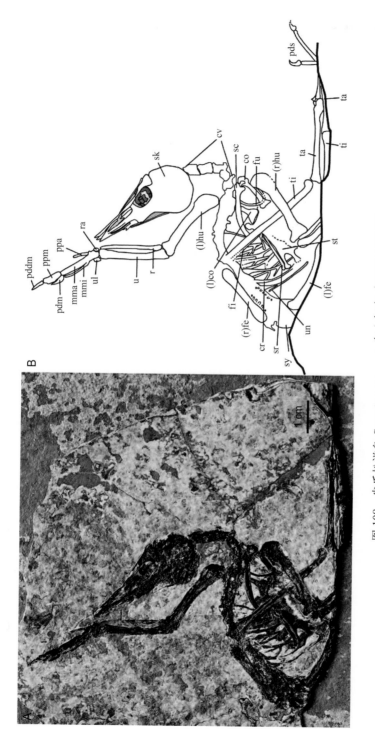

图 108 尖爪松滋鸟 *Songzia acutunguis* 归入标本 (IVPP V 18187)

照片和线条图 (引自 Wang M. et al., 2012b)。

cr. 颈肋, cv. 颈椎, fu. 叉骨, un. 钩状突。其他缩写同上图

产地与层位 湖北松滋，下始新统洋溪组。

评注 古近纪完整的鹤形类化石很少，而松滋鸟是鹤形目核心成员基干类群的早期代表。

始鹤科 Family Eogruidae Wetmore, 1934

模式属 始鹤属 *Eogrus* Wetmore, 1934, sensu Clarke et al., 2005

定义与分类 大型长腿原始鹤类，与现代鹤类关系密切。

鉴别特征 跗蹠骨长且细，第二、四蹠骨滑车有退化的迹象。

中国已知属 始鹤属 *Eogrus* Wetmore, 1934 和中国二连鸟属 *Sinoergilornis* Kozlova, 1960。

分布与时代 广布于东亚、中亚、东欧地区，如蒙古、哈萨克斯坦，我国的内蒙古、甘肃地区，始新世到上新世。

始鹤属 Genus *Eogrus* Wetmore, 1934

模式种 风神始鹤 *Eogrus aeola* Wetmore, 1934

鉴别特征 大型鸟类，与现代鹤形目种类比较接近。由于适于陆地奔跑，该属的一些进步类群与鸵鸟的特征趋同，显示出适合于奔跑的后肢特征，如腿长、趾短。第三跗蹠骨滑车强壮，第二、四滑车退化并长度相近，第二和第四滑车没有掌面的偏转。

中国已知种 风神始鹤 *Eogrus aeola* Wetmore, 1934 和维氏始鹤 *Eogrus wetmorei* Brodkorb, 1967。

分布与时代 欧亚大陆，始新世到上新世。

评注 始鹤类可能属于最早的鹤类化石代表。始新世就分布于美洲与亚洲，后期进步代表以两趾不飞为主要特征，但由于前肢和其他部分的骨骼标本稀少，没有足够证据显示其整体形态以及习性。与始鹤科关系密切的二连鸟（Ergilornithinae）同时广泛存在于中亚地区，显示出更为退化的第二跗蹠骨（退化成一小突起），以及适应奔跑的特征，但两个属的关系有待进一步分析。

风神始鹤 *Eogrus aeola* Wetmore, 1934

（图 109，图 110）

正模 AMNH 2936，近乎完整的右跗蹠骨。产于内蒙古乌兰胡秀附近；现存于美国自然历史博物馆。

副模　AMNH 2939，胫跗骨远端。

归入标本　AMNH 2937，跗蹠骨；胫跗骨（AMNH 2939, AMNH 2940, AMNH 2944, AMNH 2947, AMNH 6600），共 5 件；以及包括指节骨（第二指节第一指骨）和左侧跗蹠骨的远端和胫跗骨的远端，这些标本共用了标本号 AMNH 2946。产于内蒙古二连盆地的乌兰胡秀、额尔登敖包等地；现存于美国自然历史博物馆。

鉴别特征　第三跗蹠骨滑车延伸较长，远长于第二和第四蹠骨滑车，第二和第四跗蹠骨滑车缩减退化。第二蹠骨滑车较窄，缺少向掌侧弯转的滑车翼，第四蹠骨滑车远端的长度略微超过第二蹠骨，具有两个较浅的上跗骨沟，跗蹠骨的第一蹠骨关节凹迹较浅且宽，胫跗骨远端内侧具有一切迹，内侧髁略微长过外侧髁，外侧髁有一切口，胫跗骨前面较平或略微凹陷，副上跗骨孔相对于上跗骨的位置向远端延伸，骨质腱桥窄。

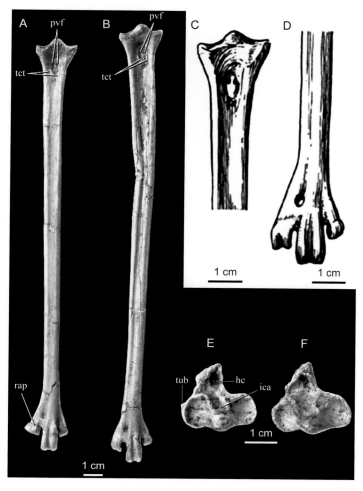

图 109　风神始鹤 *Eogrus aeola* 跗蹠骨

A, C–E. 正模（AMNH 2936）标本照片和线条图，B, F. 归入标本（AMNH 2937）：A–D. 跗蹠骨前视，
E, F. 跗蹠骨近段顶视（引自 Wetmore, 1934；Clarke et al., 2005）。
hc. 下跗骨孔，ica. 髁间区，pvf. 近端血管孔，rap. 第 IV 滑车末端破损的重新粘连，tct. 胫前肌嵴，tub. 肌结

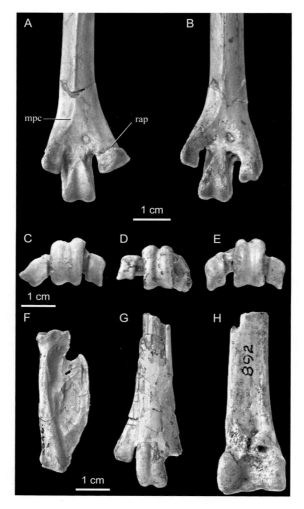

图 110　风神始鹤 *Eogrus aeola* 跗蹠骨、指节骨和胫跗骨

A, C. 正模（AMNH 2936），B, E. 归入标本（AMNH 2937），D. 归入标本（AMNH 2946）：跗蹠骨近端腹视（A, B）以及前视（C–E）；F–H. 归入标本（AMNH 2946）：F. 第二指第一指节腹视，G. 跗蹠骨远端背视，H. 胫跗骨远端前视。Clarke 等（2005）对比原始标本正模与归入标本发现正模的第四蹠骨远端破碎后的重新粘连有误（如图 A 中 rap 所示）（引自 Clarke et al., 2005）。

mpc. 内侧掌面脊

　　词源　属名系原始的鹤类，种名系风神的意思。

　　产地与层位　内蒙古自治区烟囱高地（Chimney Butte），现乌兰胡秀附近，中始新统伊尔丁曼哈组（Irdin Manha Formation）。

　　评注　始鹤类是早期鹤类的主要代表，化石广布于东亚如蒙古和我国的内蒙古等地，始新世到上新世的地层。产自我国内蒙古始新世沙拉木伦地区的这一批始鹤类材料现存于美国自然历史博物馆，系 20 世纪 30 年代美国自然历史博物馆组织的中亚古生物考察队采集。

维氏始鹤 *Eogrus wetmorei* Brodkorb, 1967

（图 111）

正模 AMNH 2949，胫跗骨远端。产于内蒙古二连浩特附近；现存于美国自然历史博物馆。

鉴别特征 骨质腱桥较窄，外髁向后突出，内外髁近乎平行，胫跗骨远端内侧具有一切迹。与奥氏始鹤相比较小，首现的时间要晚，比奥氏始鹤的胫骨髁略不突出，是否单独成种仍有疑问。

产地与层位 内蒙古沙拉木伦地区，二连浩特东南约 64 km 附近，中中新统通古尔组。

评注 最初被当做始鹤类未定名标本，后被 Brodkorb（1967）定为始鹤类新种。

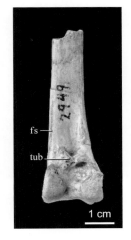

图 111 维氏始鹤 *Eogrus wetmorei* 正模
（ANMH 2949）

胫跗骨前视（引自 Clarke et al., 2005）。
fs. 屈肌沟，tub. 肌结

二连鸟亚科 Subfamily Ergilornithinae Kozlova, 1960

中国二连鸟属 Genus *Sinoergilornis* Kozlova, 1960

广河中国二连鸟 *Sinoergilornis guangheensis* Musser, Li et Clarke, 2020

（图 112）

正模 IVPP V 24968，左跗蹠骨远端以及相连的完整趾节。产于甘肃广河；现存于中国科学院古脊椎动物与古人类研究所。

鉴别特征 两趾型足，第二跗蹠骨滑车强烈退化，第四跗蹠骨的滑车向掌面延伸。第三趾的第一趾节前关节面背侧滑车突起，末端趾节具有半圆形凹切迹。第三趾的第二趾节收缩，第四趾的二至四趾节缩短，第四趾爪略弯。第四滑车显著向掌侧弯转，以此可与鸵鸟的蹠骨区别。

产地与层位 甘肃临夏盆地广河庄禾集镇狼洼沟村，上中新统柳树组。

评注 二连鸟亚科和始鹤科的关系较为复杂，其可能为始鹤类演化后期的代表，广布于亚欧大陆。

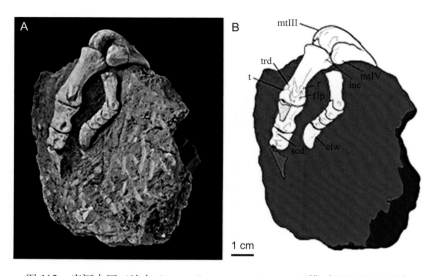

图 112　广河中国二连鸟 *Sinoergilornis guangheensis* 正模（IVPP V 24968）
侧视照片及素描图（引自 Musser et al., 2020）。
clw. 爪，flp. 收肌窝，inc. 内收迹，mtIII. 第三跖骨，mtIV. 第四跖骨，r. 侧背脊，scd. 半圆形凹迹，t. 背侧
拱起的滑车，trd. 三角形凹陷

鹳形目　Order CICONIIFORMES Bonaparte, 1854

概述　大中型涉禽，广布全世界。喙长且有力，颈长、腿长、脚趾长，翼宽、尾短，食鱼或其他小型动物，有些种类食腐肉。

定义与分类　最新的分子系统学研究不支持传统分类，而将鹳科和鹭科归入鹈形目（Pelecaniformes），而全基因组测序分类中的鹳类仅包括鹳科（Gibb et al., 2013；Kuramoto et al., 2015）。鹳形目为水鸟类的一个支系。

形态特征　长颈长腿长喙，大多数鹳类具有长趾节以及部分足蹼，头颈部裸露。

分布与时代　现代鹳类全球分布，多见于非洲南部与亚洲南部的热带温带地区，中新世出现延续至今。

鹳科　Family Ciconiidae Gray, 1840

始鹳属　Genus *Eociconia* Hou, 1989

三个泉始鹳　*Eociconia sangequanensis* Hou, 1989

（图 113）

正模　IVPP V 7649，左跗跖骨远端部分。产于新疆准噶尔盆地；现存于中国科学院

古脊椎动物与古人类研究所。

鉴别特征 第二跗蹠骨滑车宽且向内弯转，第二蹠骨滑车的远端超过三、四蹠骨滑车之间的脉管孔，蹠骨滑车间沟宽，跗蹠骨末端腹面具有明显凹陷。

产地与层位 新疆准噶尔盆地北部三个泉地区，中始新统下部依希白拉组。

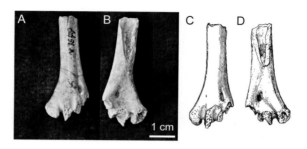

图 113 三个泉始鹳 *Eociconia sangequanensis* 正模（IVPP V 7649）
照片和线条图：A, C. 前视，B, D. 后视（引自侯连海，1989；Wang et al., 2012b）

三水鸟属 Genus *Sanshuiornis* Wang, Mayr, Zhang et Zhou, 2012

张氏三水鸟 *Sanshuiornis zhangi* Wang, Mayr, Zhang et Zhou, 2012

（图 114）

正模 IVPP V 18116，部分后肢。产于广东三水；现存于中国科学院古脊椎动物与古人类研究所。

鉴别特征 上跗骨膨大，具有 4 个上跗骨脊，这些上跗骨脊之间的跗骨沟较宽，第一趾的第一趾节发达，内侧的跗骨凹陷要比外侧的明显，下踝窝深。

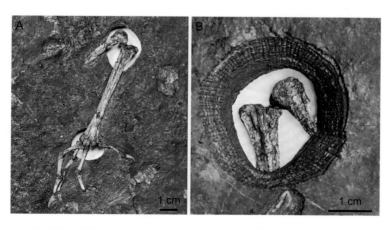

图 114 张氏三水鸟 *Sanshuiornis zhangi* 正模（IVPP V 18116）
A. 后肢；B. 胫跗骨 - 跗蹠骨局部关联照片（引自 Wang et al., 2012a）

产地与层位　广东三水盆地，中始新统华涌组。

评注　与现生的鹳类和鹮类亲缘关系较近。

鹈形目 Order PELECANIFORMES Sharpe, 1891

概述　大中型涉禽，大多数水栖。喙长、腿长，以适应涉水取食。后趾与前三趾位于同一平面。广布于内陆与沿海地带，捕食水生生物，世界性分布。繁殖于北方，南迁过冬。

鹮科 Family Threskiornithidae Richmond, 1917

鉴别特征　翅膀宽大，喙长。其中琵鹭亚科（Plataleinae）以近端宽匙状喙为主要识别特征，而鹮亚科的喙加长且向下弯曲。均为中等涉禽类，长喙长腿以及长颈构成高体型。

定义与分类　包括鹮亚科（Threskiornithinae）以及琵鹭亚科（Plataleinae）鸟类。

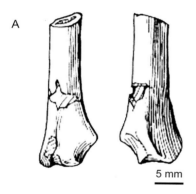

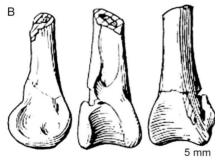

图 115　张沟明港鹮 *Minggangia changgouensis* 正模（IVPP V 6438）
尺骨远端（A）以及胫跗骨远端（B）线条图
（引自侯连海，1982a）

中国已知属　明港鹮属 *Minggangia* Hou, 1982 和琵鹭属 *Platalea* Linnaeus, 1758。

评注　化石稀少，且较破碎不完整。

明港鹮属 Genus *Minggangia* Hou, 1982

张沟明港鹮 *Minggangia changgouensis* Hou, 1982

（图 115）

正模　IVPP V 6438，左尺骨远端，左胫跗骨远端。产于河南明港；现存于中国科学院古脊椎动物与古人类研究所。

鉴别特征　小型鹮类。胫跗骨内关节髁向前特别突出，外关节髁前缘外侧面凹陷，中央有一特别的纵脊，骨质腱桥靠内侧，腱桥上节结大且低；尺骨远端肌腱凹窄而浅。

产地与层位　河南明港西张沟，下始新统或更低层位，李庄群中下部。

琵鹭属 Genus *Platalea* Linnaeus, 1758

天岗琵鹭 *Platalea tiangangensis* Hou, 1987
（图 116）

正模 IVPP V 7139，左腕掌骨近端。产自江苏泗洪；现存于中国科学院古脊椎动物与古人类研究所。

鉴别特征 大型鹳类。腕骨后窝大且深，伸肌节较钝，且突出，豌豆突小。

产地与层位 江苏泗洪松林庄，中中新统下草湾组。

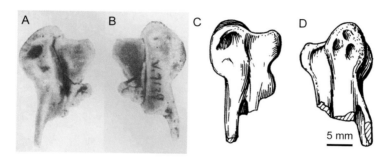

图 116 天岗琵鹭 *Platalea tiangangensis* 正模（IVPP V 7139）
腕掌骨近端照片和线条图：A, C. 腹视，B, D. 背视（引自侯连海，1987）

鹰形目 Order ACCIPITRIFORMES Vieillot, 1816

鹰科 Family Accipitridae Vieillot, 1816

定义与分类 主要包括鹰科、鹗科以及蛇鹫科，如鹰、鸢、鹞、鹫、鵟等类，为中等至大型及超大型昼行性猛禽。具有强烈弯曲的喙和锋利的钩状爪，用来捕杀和撕咬猎物（特别是其他脊椎动物），善于扇翅飞行以及利用热气流翱翔，跗蹠骨大多数较长。鹰科种类繁多，全球性分布。除秃鹫为腐食性外，该科其他主要成员为猎食性，且食谱广泛，主要包括昆虫、两栖爬行类、小型哺乳类、鸟类以及鱼类等。对于不易消化的骨骼、毛发、鳞片等食物残渣，可在胃部集结成食丸（pellet），并通过胃肠道的反向蠕动，经口腔吐出体外。

中国已知属 齐鲁鸟属 *Qiluornis* Hou, 2000，中新鹫属 *Mioaegypius* Hou, 1984，中新近须兀鹫属 *Mioneophron* Li, Clarke, Zhou et Deng, 2016，甘肃鹫属 *Gansugyps* Zhang, Zheng, Zheng et Hou, 2010。共 4 属。

分布与时代 全球分布，晚始新世到第四纪。

齐鲁鸟属 Genus *Qiluornis* Hou, 2000

泰山齐鲁鸟 *Qiluornis taishanensis* Hou, 2000
(图 117)

正模 IVPP V 12351，不完整个体，主要包括颈椎、腰椎以及后肢骨。产于山东临朐；现存于中国科学院古脊椎动物与古人类研究所。

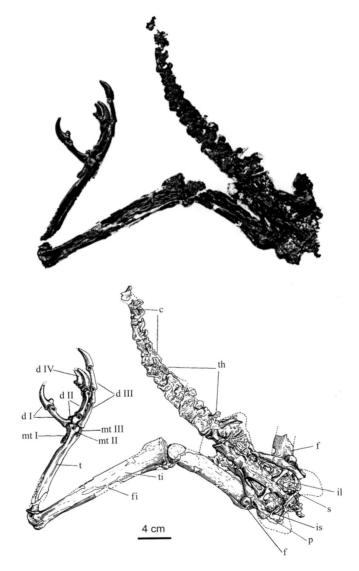

图 117 泰山齐鲁鸟 *Qiluornis taishanensis* 正模 （IVPP V 12351）
照片与线条图 （引自侯连海等，2000）。
c. 颈椎，d I–IV. 第一至四趾骨，f. 股骨，fi. 腓骨，il. 髂骨，is. 坐骨，mt I–III. 第一至三跗蹠骨，p. 耻骨，
s. 愈合荐椎，t. 跗蹠骨，th. 胸椎，ti. 胫骨

鉴别特征　大型猛禽类。腰椎、颈椎缺少神经脊，背椎中央脊高，荐椎粗壮，最后一节荐椎具有粗壮的横突。跗蹠骨和股骨长度近似，腓骨大约延伸到胫跗骨的3/4处，第二蹠骨滑车翼发育较好，跗蹠骨末端的蹠骨滑车延伸相近，基本位于同一水平线，第一、二脚趾爪较大，第四趾爪小，特征与旧大陆鹫类（Old World vulture）相似。

产地与层位　山东临朐，下 - 中中新统山旺组。

评注　该种的系统位置尚需重新审视，它很可能代表了兀鹫亚科的基干类型，或者为鹫类从鹰科中分离出之前的基干属种。

须兀鹫亚科 Subfamily Gypaetinae Vieillot, 1816

中新近须兀鹫属 Genus *Mioneophron* Li, Clarke, Zhou et Deng, 2016

长嘴中新近须兀鹫 *Mioneophron longirostris* Li, Clarke, Zhou et Deng, 2016
（图 118，图 119）

正模　HMV 1877，近完整个体。产于甘肃广河；现存于和政古动物化石博物馆。

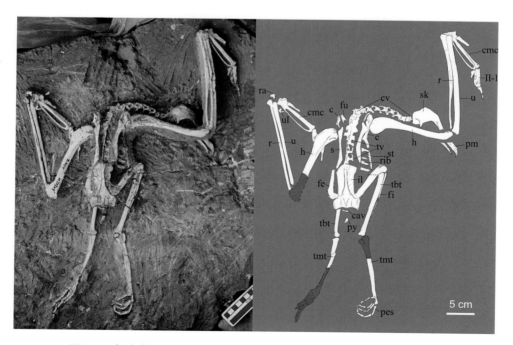

图 118　长嘴中新近须兀鹫 *Mioneophron longirostris* 正模（HMV 1877）
照片与线条图（引自 Li et al., 2016）。
c. 乌喙骨，cav. 尾椎，cmc. 腕掌骨，cv. 颈椎，fe. 股骨，fi. 腓骨，fu. 叉骨，h. 肱骨，II-1. 第二指第一指节，il. 髂骨，pes. 后足，pm. 前上颌，py. 尾综骨，r. 桡骨，ra. 桡腕骨，rib. 肋骨，s. 肩胛骨，sk. 头骨，st. 胸骨，tbt. 胫跗骨，tmt. 跗蹠骨，tv. 胸椎，u. 尺骨，ul. 桡腕骨

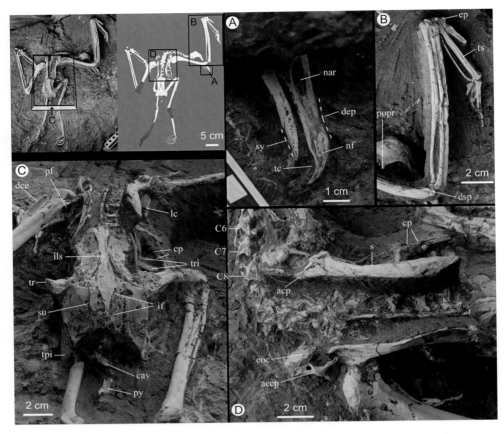

图 119　长嘴中新近须兀鹫 Mioneophron longirostris 正模（HMV 1877）局部

上下颌（A）以及其他部位局部照片，包括右前肢（B）、腰带（C）、肩带（D）等（引自 Li et al., 2016）。accp. 上乌喙突，acp. 肩峰突，cav. 尾椎，cp. 肋突，C6–C8. 第六到第八节颈椎，dce. 三角肌脊边缘，dep. 背部凹，dsp. 上背髁突，eoc. 叉骨顶末端，ep. 伸肌突，if. 横突间孔，ils. 髂骨间沟，lc. 乌喙骨侧缘，nar. 鼻孔，nf. 神经滋养孔，pf. 三头肌气孔，popr. 眶后突，py. 尾综骨，s. 肩胛骨，su. 髂骨坐骨缝合线，sy. 联合，tc. 喙缘峰，tpi. 坐骨末端突，ts. 肌腱沟，tr. 滑车脊，tri. 胸肋

鉴别特征　中等体型须兀鹫类，喙前端弯曲，前颌骨长且扁，下颌骨颌间联合较长，外鼻孔呈长椭圆形，髂骨中央的间沟中等大小。尺骨长，肱骨头突出。

产地与层位　甘肃广河庄禾集百花乡，上中新统柳树组。

中新鹫属 Genus *Mioaegypius* Hou, 1984

顾氏中新鹫 *Mioaegypius gui* Hou, 1984

（图 120）

正模　IVPP V 17131，跗蹠骨。产于江苏泗洪；现存于中国科学院古脊椎动物与古人类研究所。

鉴别特征　左跗蹠骨近端前后扁，外髁窄，后跗骨沟宽且浅，内侧伸肌沟长，远端骨体有收缩趋势，远端血管孔接近末端，滑车形态与须兀鹫类更为接近，如第二、四蹠骨滑车的远端延伸相对于第三蹠骨滑车的位置更接近于须兀鹫类的棕榈鹫（Gypohierax），但蹠骨滑车不扩展且较短，第二蹠骨滑车翼不显著。

产地与层位　江苏泗洪松林庄，中中新统下草湾组。

评注　建议归入须兀鹫亚科（Gypaetinae），而非原来侯连海（1984）所归入的兀鹫亚科。

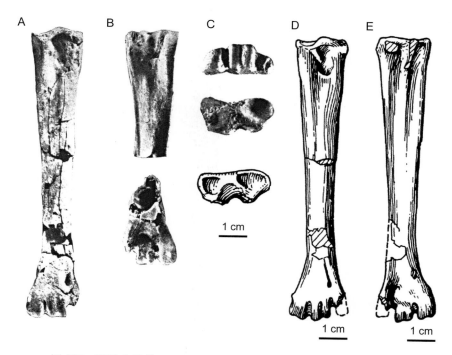

图 120　顾氏中新鹫 *Mioaegypius gui* 正模（IVPP V 17131）跗蹠骨
A. 前视；B. 后视；C. 末端视、顶视及其线条图；D, E. 前、后视线条图（引自侯连海，1984）

兀鹫亚科 Subfamily Aegypiinae Vieillot, 1816

甘肃鹫属 Genus *Gansugyps* Zhang, Zheng, Zheng et Hou, 2010

临夏甘肃鹫 *Gansugyps linxiaensis* Zhang, Zheng, Zheng et Hou, 2010
（图 121，图 122）

正模　STM V002，近乎完整个体。产于甘肃广河；现存于山东省天宇自然博物馆。

副模　STM V003，近乎完整个体。

归入标本　ZR000253，近乎完整个体。产于甘肃临夏盆地；现存于甘肃省博物馆。

鉴别特征　大型秃鹫类，喙长且宽厚，吻端强烈弯曲，整个嘴峰占据头骨长度的一半左右，外鼻孔长椭圆形，头骨长宽比值大约为 1.93，眶后突发育，上眶突向后方延伸至眼眶后方。尺骨远端发育有次级飞羽乳突，股骨前肌间线斜向延伸较长，从滑车脊一直到远端的内髁。第四脚趾近端趾节（第二、三趾节）呈强烈缩短，胸骨后端具有开孔。

产地与层位　甘肃广河（阳洼铺子），上中新统柳树组。

评注　鹫类在鹰科中的分类位置仍存在争议，主要问题在于鹫类的兀鹫类和须兀鹫类虽同属于普通意义下的旧大陆鹫（Old World vulture），但整个旧大陆鹫类群分子系统学分析显示并不构成一个单系类群，兀鹫类也就是典型的秃鹫类（如高山兀鹫、白背兀

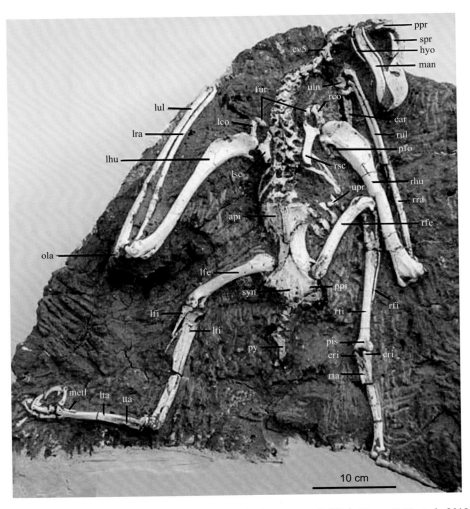

图 121　临夏甘肃鹫 *Gansugyps linxiaensis* 正模标本（STM V002）（引自 Zhang Z. H. et al., 2010）
api. 髂骨前侧，car. 腕掌骨，cri. 跟骨脊，cv5. 第五颈椎，fur. 叉骨，hyo. 舌骨，lco. 左乌喙骨，lfe. 左股骨，lfi. 左腓骨，lhu. 左肱骨，lra. 左桡骨，lsc. 左肩胛骨，lta. 左跗跖骨，lti. 左胫跗骨，lul. 左尺骨，man. 下颌，metI. 第一跖骨，ola. 鹰嘴突，pfo. 气孔，pis. 后髁间沟，ppi. 髂骨后部，ppr. 眶后骨，py. 尾综骨，rco. 右乌喙骨，rfe. 右股骨，rfi. 右腓骨，rhu. 右肱骨，rra. 右桡骨，rsc. 右肩胛骨，rta. 右跗跖骨，rti. 右胫跗骨，rul. 右尺骨，spr. 眶上突，syn. 愈合荐椎，tta. 胫骨前肌结，uln. 尺腕骨，upr. 钩状突

图 122　临夏甘肃鹫 *Gansugyps linxiaensis* 归入标本（ZR000253）（引自李岩等，2014）

鹫等）位于鹰亚科（Accipitrinae）的基干分支；而须兀鹫类（Gypaetinae）在鹰科中则位于更为基干的位置，并与蜂鹰亚科（Perninae）的关系较近（Lerner et Mindell, 2005）。甘肃鹫是临夏盆地上中新统柳树组鸟类动物群中大型猛禽的重要代表之一，化石数量较多，由于其存在明显的祖先特征，例如缩短的 IV-1 趾节，能否归入兀鹫类冠群还存在争议（Manegold et Zelenkov, 2014）。

隼形目　Order FALCONIFORMES Sharpe, 1874

隼科　Family Falconidae Vigor, 1824

定义与分类　昼行性中小型猛禽，飞行速度快，长而尖镰刀型翅膀，尾羽扇长而窄。扇翅速度快，喙短且弯曲，前上颌左右两侧靠近前缘具齿突，用来肢解猎物。外鼻孔圆形，鼻中隔骨愈合，细棒状骨棍从鼻孔中央突出。主要包括了隼类（falcons）和卡拉卡拉鹰（caracaras）。

形态特征　弯嘴，具有锋利的喙嘴，并且有齿突，飞行速度快，腿长，具有弯曲的爪，且可以在高速中捕猎。羽色以棕、黑、白为主，腹面颜色比背面颜色浅。

分布与时代　南极以外的各大陆都有分布，但数量稀少，最早的化石发现于中新世。

隼属 Genus *Falco* Linnaeus, 1758

和政隼 *Falco hezhengensis* Li, Zhou, Deng, Li et Clarke, 2014
（图 123，图 124）

正模 IVPP V 14586，一具近完整的骨架。产自甘肃和政；现存于中国科学院古脊椎动物与古人类研究所。

鉴别特征 嘴峰有一小豁口（喙齿突），骨质腱桥外侧有一深窝，第九、十节颈椎的神经脊侧面有气孔，跗蹠骨相对较长，与股骨之长的比值为 1.2，比其他隼类都要大。

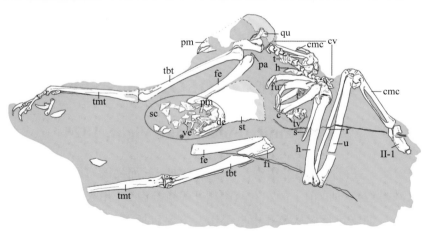

图 123 和政隼 *Falco hezhengensis* 正模（IVPP V 14586）

照片与线条图（引自 Li et al., 2014a）。

c. 乌喙骨，cmc. 腕掌骨，cv. 颈椎，de. 齿骨，fe. 股骨，fi. 腓骨，fu. 叉骨，h. 肱骨，II-1. 第二指节第一指，pa. 膝盖骨，pm. 前上颌骨，qu. 方骨，r. 桡骨，s. 肩胛骨，sc. 胃容物，st. 胸骨，t. 气管骨，tbt. 胫跗骨，tmt. 跗蹠骨，tv. 胸椎，ve. 椎体，u. 尺骨

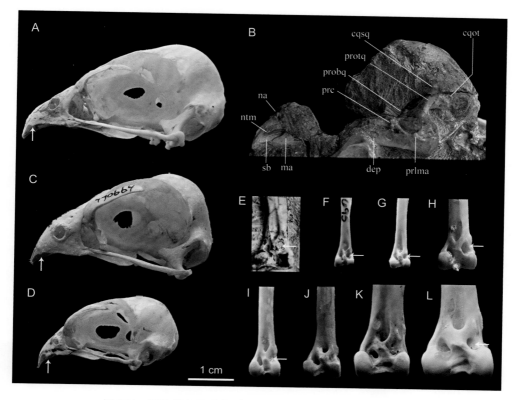

图 124　现生隼与和政隼（*Falco hezhengensis*）的特征比较

A. 茶隼 *Falco tinnunculus*（USNM 610371）；B, E. 和政隼 *Falco hezhengensis*（IVPP V 14586）；C. 白腰侏隼 *Polihierax insignis*（USNM 490664）；D, F. 菲律宾小隼 *Microhierax erythrogenys*（USNM 613695）；G. 非洲侏隼 *Polihierax semitorquatus*（USNM 621024）；H. 黄眼隼 *Falco rupicoloides*（USNM 430626）；I. 斑翅花隼 *Spiziapteryx circumcincta*（USNM 319445）；J. 斑林隼 *Micrastur ruficollis*（USNM 621387）；K. 笑隼 *Herpetotheres cachinnans*（USNM 346714）；L. 凤头巨隼 *Caracara plancus*（USNM 614583）。竖直白色箭头指示了隼亚科（Falconinae）中前颌骨边缘的喙齿突；水平白色箭头指示了隼和巨隼亚科的胫跗骨远端的在内侧伸肌沟的位置的骨质腱桥（引自 Li et al., 2014a）。
cqot. 方骨耳突，cqsq. 方骨鳞状突，dep. 凹陷，ma. 下颌，na. 鼻孔，ntm. 喙缘的齿突，prc. 冠状突，prlma. 侧下颌突，probq. 方骨眶突，protq. 方骨耳突，sb. 中隔板

肱骨三角肌脊突出，且向后延伸较长。

　　产地与层位　甘肃和政地区，上中新统柳树组。

　　评注　根据胃部存有一跳鼠臼齿，推断其食性为猎食跳鼠。

沙鸡目　Order PTEROCLIDIFORMES Huxley, 1868

　　定义与分类　短嘴，短腿，蹠骨附着羽毛，脚趾较宽并短，有小鳞片附着。分布在非洲撒哈拉地区和马达加斯加、欧洲南部、亚洲干旱半干旱地带。传统分类为鸽形目中的一个科，而最新的全基因组测序分类将其提升为单独的目。体型小，持续飞行能力强，只在旧大陆分布。

沙鸡科 Family Pteroclididae Bonaparte, 1831

临夏鸟属 Genus *Linxiavis* Li, Stidham, Deng et Zhou, 2020

干旱临夏鸟 *Linxiavis inaquosus* Li, Stidham, Deng et Zhou, 2020
（图 125，图 126）

正模 IVPP V 14586，保存部分骨架，头骨缺失。主要为前肢骨骼以及肩胛骨、乌喙骨，部分背椎，以及后肢的一些碎块。产于甘肃康乐；现存于中国科学院古脊椎动物与古人类研究所。

鉴别特征 肱骨三角肌脊呈钝角状，并向前方明显隆起且翻转，肱骨的背上髁在骨体的位置相对靠近近端，尺骨腹侧髁具有较直的背侧边缘，乌喙骨和胸骨的连接处明显加宽，乌喙骨的上喙突膨大并向内侧突出呈弯钩状，叉骨的肩峰突末端向后方延伸成尖端。

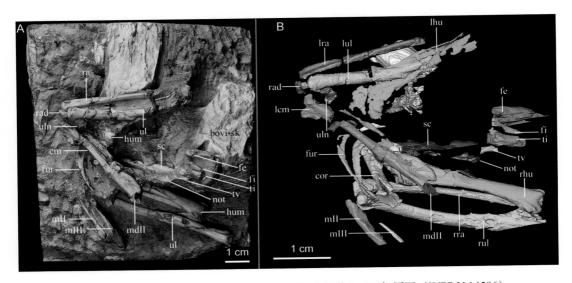

图 125 干旱临夏鸟 *Linxiavis inaquosus* 正型标本照片和 CT 复原图（IVPP V 14586）
bovi-sk. 牛科动物头骨，cm. 腕掌骨，cor. 乌喙骨，fe. 股骨，fi. 腓骨，fur. 叉骨，hum. 肱骨，lcm. 左侧腕掌骨，lhu. 左侧肱骨，lra. 左桡骨，lul. 左尺骨，mdII. 第三指第二指节，mII. 第二掌骨，mIII. 第三掌骨，not. 愈合胸椎，ra. 桡骨，rad. 桡腕骨，rhu. 右侧肱骨，rra. 右侧桡骨，rul. 右侧尺骨，sc. 肩胛骨，ti. 胫跗骨，tv. 胸椎，ul. 尺骨，uln. 尺腕骨

产地与层位 甘肃康乐白王乡，上中新统柳树组。

评注 临夏鸟为亚洲最早的沙鸡化石，其形态特征更接近黑腹沙鸡，而不同于邻近西藏地区现存的毛腿沙鸡，显示出沙鸡科在晚中新世不同于现代的区系地理。很可能代表了非洲起源在中亚地区的扩展。

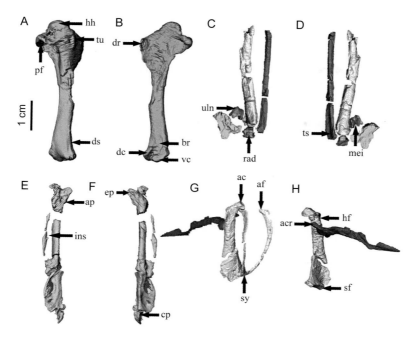

图 126　干旱临夏鸟 *Linxiavis inaquosus* 正模（IVPP V 14586）部分肢骨 CT 复原图

A, B. 左侧肱骨前后视图；C, D. 背腹视近端前肢骨如尺桡骨以及腕骨；E, F. 远端前肢骨（腕掌骨及指骨）腹视图；G, H. 肩带侧视和背内侧视。

ac. 上乌喙突，acr. 肩峰突，af. 叉骨肩峰突，ap. 小翼指突，br. 肱肌窝，cp. 前突，dc. 背突，dr. 三角肌脊，ds. 背上髁肌结，ep. 伸肌突，hf. 肱骨的乌喙关节面，hh. 肱骨头，ins. 掌骨间隙，mei. 尺桡骨上切迹，pf. 三头肌窝，rad. 桡腕骨，sf. 乌喙骨的胸骨关节面，sy. 叉骨联合，ts. 肌腱沟，tu. 肌结节，uln. 尺腕骨，vc. 腹髁

新颚类分类位置不明　NEOGNATHAE incertae sedis

咬鹃目科未定　Trogoniformes incertae familiae

佛山鸟属　Genus *Foshanornis* Zhao, Mayr, Wang et Wang, 2015

宋氏佛山鸟　*Foshanornis songi* Zhao, Mayr, Wang et Wang, 2015

（图 127）

正模　IVPP V 18855a, b，几乎完整个体，正副面保存。产于广东佛山；现存于中国科学院古脊椎动物与古人类研究所。

鉴别特征　类似于咬鹃目的鸟类，显示出初始的异趾足形态（第一、二趾反转向后）。喙部较长，肱骨近端粗壮。尺骨短，腕掌骨间距大，胸骨末端具有两对内切迹。叉骨呈 U 形，叉骨支基部联合短，荐椎腹侧面前 1/4 处具有突出的脊。跗蹠骨短，近端有两个上跗骨沟，远端第四跗蹠骨滑车侧向倾斜，第二蹠骨滑车明显偏向掌侧，第一趾——脚拇指

图 127　宋氏佛山鸟 *Foshanornis songi* 正模（IVPP V 18855）

A、B 分别为正、副面（引自 Zhao et al., 2015）。

cev. 颈椎，cmc. 腕掌骨，cv. 尾椎，fe. 股骨，fur. 叉骨，hu. 肱骨，hy. 舌骨，mtI. 第 I 蹠骨，pds. 脚趾，pe. 腰带，ra. 桡腕骨，rad. 桡骨，sc. 肩胛骨，sk. 头骨，st. 胸骨，syn. 荐椎，tbt. 胫跗骨，tmt. 跗蹠骨，tv. 胸椎，ul. 尺骨，(l) (r) 代表左、右

位置高，明显加长。

产地与层位　广东佛山，下始新统㘰心组。

新颚类目未定 NEOGNATHAE incerti ordinis

潜山鸟科 Family Qianshanornithidae Mayr, Yang, De Bast, Li et Smith, 2013

潜山鸟属 Genus *Qianshanornis* Mayr, Yang, De Bast, Li et Smith, 2013

抓握潜山鸟 *Qianshanornis rapax* Mayr, Yang, De Bast, Li et Smith, 2013
（图 128）

正模　IBCAS QS027，包括颈椎碎块，乌喙骨近端，桡骨远端，右胫跗骨远端，左

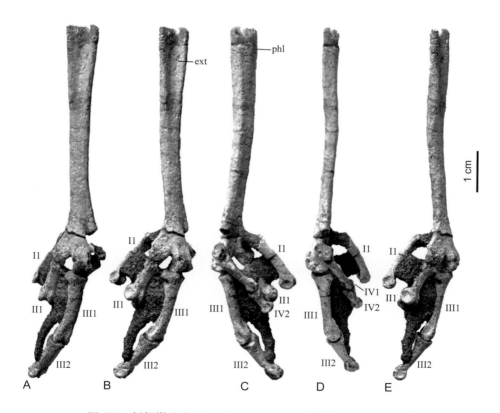

图 128　抓握潜山鸟 *Qianshanornis rapax* 正模（IBCAS QS027）
A. 背侧；B. 背内侧；C. 腹外侧；D. 外侧；E. 内侧（引自 Mayr et al., 2013）。
ext. 伸肌沟，II–IV1 分别为第一到第四趾的第一趾节，IV2. 第四趾的第二趾节，phl. 外副下跗骨窝

跗蹠骨和近端趾节骨，第三趾的第一趾节骨，一些难以辨认的破碎骨头等。产于安徽潜山；现存于中国科学院植物研究所。

鉴别特征 不同于其他基部新鸟类（Neoaves）、古颚类以及鸡鸭总目的近裔特征包括：乌喙骨在近部顶端的气凹槽深切，胫跗骨远端骨质腱桥缺失，内侧髁向前特别突出，跗蹠骨背腹向较平，伸肌沟明显，第三、四跗蹠骨之间的远端血管孔较大，滑车间切距较宽，第二趾的近端趾节骨大而且远端膨胀向背侧隆起，第四趾的第二节趾节短小。

产地与层位 安徽潜山，中古新统望虎墩组上部。

参 考 文 献

安芷生 (An Z S). 1964. 华北鸵鸟蛋化石的新发现及其显微结构的初步研究. 古脊椎动物与古人类, 8(4): 374–386

侯连海 (Hou L H). 1980. 河南淅川早始新世一新原鸟. 古脊椎动物学报, 18(2): 111–115

侯连海 (Hou L H). 1982a. 河南明港一始新世鸟类形态观察. 古脊椎动物学报, 20(3): 196–202

侯连海 (Hou L H). 1982b. 周口店更新世鸟类化石. 古脊椎动物学报, 20(4): 366–368

侯连海 (Hou L H). 1984. 江苏泗洪下草湾中中新世脊椎动物群——2. 兀鹫亚科 (鸟纲：隼形目). 古脊椎动物学报, 22(1): 14–19

侯连海 (Hou L H). 1985a. 云南禄丰晚中新世鸟类. 人类学报, 4(2): 118–126

侯连海 (Hou L H). 1985b. 周口店第一地点鸟类化石. 北京：科学出版社

侯连海 (Hou L H). 1987. 江苏泗洪下草湾中中新世脊椎动物群——6. 鸟纲. 古脊椎动物学报, 25(1): 57–68

侯连海 (Hou L H). 1989. 新疆三个泉地区——中始新世鸟类化石. 古脊椎动物学报, 27(1): 65–70

侯连海 (Hou L H). 1990. 湖北松滋早始新世一鸟化石. 古脊椎动物学报, 28(1): 34–42

侯连海 (Hou L H). 1993. 周口店更新世鸟类化石. 中国科学院古脊椎动物与古人类研究所集刊, 9: 166–294

侯连海 (Hou L H). 1994a. 我国新发现古新世秧鸡化石. 古脊椎动物学报, 32(1): 60–65

侯连海 (Hou L H). 1994b. 内蒙晚中生代鸟类及鸟类飞行进化. 古脊椎动物学报, 32(4): 258–266

侯连海 (Hou L H). 1997. 中国中生代鸟类. 南投：台湾省立凤凰谷鸟园. 1–228

侯连海 (Hou L H), 陈丕基 (Chen P J). 1999. 最小的早期鸟类——娇小辽西鸟. 科学通报, 44(9): 834–838

侯连海 (Hou L H), 周忠和 (Zhou Z H), 张福成 (Zhang F C), 李俊德 (Li J D). 2000. 山东山旺发现中新世大型猛禽化石. 古脊椎动物学报, 38(2): 104–110

侯连海 (Hou L H), 周忠和 (Zhou Z H), 张福成 (Zhang F C), 顾玉才 (Gu Y C). 2002. 中国辽西中生代鸟类. 沈阳：辽宁科学技术出版社. 1–234

侯连海 (Hou L H) 等 . 2003. 中国古鸟类. 昆明：云南科技出版社

李莉 (Li L), 胡东宇 (Hu D Y), 段冶 (Duan Y), 巩恩普 (Gong E P), 侯连海 (Hou L H). 2007. 辽宁西部下白垩统反鸟类一新科. 古生物学报, 46(3): 365–372

李莉 (Li L), 巩恩普 (Gong E P), 张立东 (Zhang L D), 杨雅军 (Yang Y J), 侯连海 (Hou L H). 2010a. 中国辽宁早白垩世的一新反鸟. 古生物学报, 49(4): 524–531

李莉 (Li L), 王晶琦 (Wang J Q), 侯世林 (Hou S L). 2010b. 辽宁建昌早白垩世孔子鸟一新材料. 世界地质, 29(2): 183–187

李莉 (Li L), 王晶琦 (Wang J Q), 侯世林 (Hou S L). 2011. 辽宁朝阳九佛堂组今鸟类 (红山鸟科) 一新属种. 古脊椎动物学报, 49(2): 195–200

李岩 (Li Y), 张玉光 (Zhang Y G), 何文 (He W), 孙志谦 (Sun Z Q), 汪琪华 (Wang Q H). 2014. 甘肃临夏盆地晚中新世鹫类化石一新材料. 西北师范大学学报：自然科学版, 50(5): 66–70

季强 (Ji Q), 姬书安 (Ji S A). 1999. 辽宁凌源中生代鸟类化石一新属. 中国地质, 262(3): 45–48

季强 (Ji Q), 姬书安 (Ji S A), 尤海鲁 (You H L), 张建平 (Zhang J P), 袁崇喜 (Yuan C X), 季鑫鑫 (Ji X X), 李景路 (Li J L), 李印先 (Li Y X). 2002a. 中国首次发现真正会飞的"恐龙"——中华神州鸟 (新属新种). 地质通报, 21(7): 363–369

季强 (Ji Q), 姬书安 (Ji S A), 张鸿斌 (Zhang H B), 尤海鲁 (You H L), 张建平 (Zhang J P), 王丽霞 (Wang L X), 袁崇喜 (Yuan C X), 季鑫鑫 (Ji X X). 2002b. 辽宁北票首次发现初鸟类化石——东方吉祥鸟. 南京大学学报, 38(6): 723–736

王敏 (Wang M). 2014. 中国反鸟类 (鸟纲: 鸟胸类) 的分类厘定、个体发育、习性和系统发育分析. 中国科学院大学博士学位论文. 464

王任飞 (Wang R F), 王岩 (Wang Y), 胡东宇 (Hu D Y). 2015. 觉华鸟 (新属) (*Juehuaornis* gen. nov.)——辽西早白垩世一今鸟型类新发现. 世界地质, 34(1): 7–11

王烁 (Wang S). 2008. 关于临夏鸵鸟 (*Struthio linxiaensis*) 分类位置的再讨论. 古生物学报, 47(3): 362–368

王旭日 (Wang X R), 季强 (Ji Q), 滕芳芳 (Teng F F), 金克谟 (Jin K M). 2013. 中国辽宁义县早白垩世燕鸟一新种. 地质通报, 32(4): 601–606

徐桂林 (Xu G L), 杨有世 (Yang Y S), 邓绍颖 (Deng S Y). 1999. 河北省中生代鸟类化石的首次发现及意义. 中国区域地质, 18(4): 417–422

叶祥奎 (Ye X K). 1977. 中新世鸟类在我国的首次发现. 古脊椎动物学报, 14(4): 244–248

叶祥奎 (Ye X K). 1980. 山东临朐的鸟化石. 古脊椎动物学报, 18(2): 116–125

叶祥奎 (Ye X K). 1981. 三记山东临朐中新世的鸟化石. 古脊椎动物学报, 19(2): 149–155

叶祥奎 (Ye X K), 孙博 (Sun B). 1984. 山东临朐雉类化石的新材料. 古脊椎动物学报, 22(3): 209–212

叶祥奎 (Ye X K), 孙博 (Sun B). 1989. 山东临朐的秧鸡和鸦类化石. 动物学研究, 10(3): 177–185

杨钟健 (Young C C), 孙艾玲 (Sun A L). 1960. 中国鸵鸟蛋化石的新发现和其在地层上的意义. 古脊椎动物学报, 2(2): 115–119

张福成 (Zhang F C), 周忠和 (Zhou Z H), 侯连海 (Hou L H), 顾罡 (Gu G). 2000. 反鸟的新发现与早期鸟类的辐射. 科学通报, 45(24): 2650–2657

郑光美 (Zheng G M). 2017. 中国鸟类分类与分布名录. 北京: 科学出版社

周忠和 (Zhou Z H). 1995. 辽宁早白垩世一新的反鸟化石. 古脊椎动物学报, 33(2): 99–113

Andors A V. 1992. Reappraisal of the Eocene groundbird Diatryma (Aves: Anserimorphae). Natural History Museum of Los Angeles County, Science Series, 36: 109–125

Bailleul A M, O'Connor J, Zhang S, Li Z, Wang Q, Lamanna M C, Zhu X, Zhou Z. 2019. An Early Cretaceous enantiornithine (Aves) preserving an unlaid egg and probable medullary bone. Nature Communications, 10(1): 1275

Baumel J J, Witmer L M. 1993. Osteologia. In: Baumel J J, King A S, Breazile J E, Evans H E, Vanden Berge J C eds. Handbook of Avian Anatomy: Nomina Anatomica Avium. Cambridge: Nuttall Ornithological Club. 45–132

Bever G S, Gauthier J A, Wagner G P. 2011. Finding the frame shift: digit loss, developmental variability, and the origin of the avian hand. Evolution & Development, 13(3): 269–279

Boule M, Breuil H, Lient E, Teilhard de Chardin P. 1928. Le Paleolithique de la Chine. Archives de l'institut de Paleontologie Humaine, Paris, 4 (Oiseaux, 89-92)

Brodkorb P. 1967. Catalogue of fossil birds: Part 3 (Ralliformes, I'chthyornithiformes, Charadriiformes). Bulletin of the Florida State Museum, Biological Sciences, 11(3): 99–220

Buffetaut E. 2013. The giant bird *Gastornis* in Asia: a revision of *Zhongyuanus xichuanensis* Hou, 1980, from the Early Eocene of China. Paleontological Journal, 47(11): 1302–1307

Buffetaut E, Angst D. 2014. Stratigraphic distribution of large flightless birds in the Palaeogene of Europe and its palaeobiological and palaeogeographical implications. Earth-Science Reviews, 138: 394–408

Burke A C, Feduccia A. 1997. Developmental patterns and the identification of homologies in the avian hand. Science,

278(5338): 666–668

Chiappe L M. 1991. Cretaceous avian remains from Patagonia shed new light on the early radiation of birds. Alcheringa: An Australasian Journal of Palaeontology, 15(4): 333–338

Chiappe L M. 1995. The phylogenetic position of the Cretaceous birds of Argentina: Enantiornithes and *Patagopteryx deferrariisi*. Courier Forschungsinstitut Senckenberg, 181: 55–63

Chiappe L M. 1996. Late Cretaceous birds of southern South America: anatomy and systematics of Enantiornithes and *Patagopteryx deferrariisi*. In: Arratia G ed. Contributions of Southern South America to Vertebrate Paleontology. Munich: Milnchner Geowissenschaftliche Abhandlungen, A 30: 203–244

Chiappe L M. 2002a. Osteology of the flightless *Patagopteryx deferrariisi* from the Late Cretaceous of Patagonia (Argentina). In: Chiappe L M, Witmer L M eds. Mesozoic Birds: Above the Heads of Dinosaurs. California: University of California Press. 281–316

Chiappe L M. 2002b. Basal birds phylogeny: problems and solution. In: Chiappe L M, Witmer L M eds. Mesozoic Birds: Above the Heads of Dinosaurs. California: University of California Press. 448–472

Chiappe L M, Calvo J O. 1994. *Neuquenornis volans*, a new Late Cretaceous bird (Enantiornithes: Avisauridae) from Patagonia, Argentina. Journal of Vertebrate Paleontology, 14(2): 230–246

Chiappe L M, Ji S A, Ji Q, Norell M A. 1999. Anatomy and systematics of the Confuciusornithidae (Theropoda: Aves) from the Late Mesozoic of northeastern China. Bulletin of the American Museum of Natural History, 242: 1–89

Chiappe L M, Ji S A, Ji Q. 2007. Juvenile birds from the Early Cretaceous of China: implications for enantiornithine ontogeny. American Museum Novitates, 3594: 1–46

Clarke J A, Norell M A. 2002. The Morphology and phylogenetic position of *Apsaravis ukhaana* from the Late Cretaceous of Mongolia. American Museum Novitates, 3387: 1–46

Clarke J A, Dashzeveg D, Norell M A. 2005. New avian remains from the Eocene of Mongolia and the phylogenetic position of the Eogruidae (Aves, Gruoidea), 3494: 1–17

Clarke J A, Zhou Z H, Zhang F C. 2006. Insight into the evolution of avian flight from a new clade of Early Cretaceous ornithurines from China and the morphology of *Yixianornis grabaui*. Journal of Anatomy, 208: 287–308

Dalsätt J, Ericson P G P, Zhou Z H. 2014. A new Enantiornithes (Aves) from the Early Cretaceous of China. Acta Geologica Sinica, 88(4): 1034–1040

Fain M G, Krajewski C, Houde P. 2007. Phylogeny of "core Gruiformes" (Aves: Grues) and resolution of the Limpkin-Sungrebe problem. Molecular Phylogenetics and Evolution, 43(2): 515–529

Feduccia A. 2001. The problem of bird origins and early avian evolution. Journal Fur Ornithologie, 142(1): 139–147

Foth C, Rauhut O W M. 2017. Re-evaluation of the Haarlem *Archaeopteryx* and the radiation of maniraptoran theropod dinosaurs. BMC Evolutionary Biology, 17(1): 236

Foth C, Tischlinger H, Rauhut O W M. 2014. New specimen of *Archaeopteryx* provides insights into the evolution of pennaceous feathers. Nature, 511(7507): 79–82

Gadow H. 1893. Vogel. II. Systematischer Theil. Bronn's Klassen und Ordnungen des Their Reichs, 6

Gao C L, Chiappe L M, Zhang F J, Pomeroy D L, Shen C, Chinsamy A, Walsh M O. 2012. A subadult specimen of the Early Cretaceous bird *Sapeornis chaoyangensis* and a taxonomic reassessment of sapeornithids. Journal of Vertebrate Paleontology, 32(5): 1103–1112

Gauthier J. 1986. Saurischian monophyly and the origin of birds. Memoirs of the California Academy of Sciences, 8: 1–55

Gauthier J, Queiroz K D. 2001. Feathered dinosaurs, flying dinosaurs, crown dinosaurs, and the name "Aves". In: Gauthier J, Gall L F eds. New Perspectives on the Origin and Early Evolution of Birds: Proceedings of the International Symposium in Honor of John H. Ostrom. New York: Special Publication of the Peabody Museum of Natural History, Yale University, New Haven. 7–41

Ghetie V, Chitescu S T, Cotofan V, Hillerbrand A. 1976. Anatomical atlas of domestic birds. Bucharest: Editura Academiei Republicii Socialiste Romania. 1–295

Gibb G C, Kennedy M, Penny D. 2013. Beyond phylogeny: pelecaniform and ciconiiform birds, and long-term niche stability. Molecular Phylogenetics and Evolution, 68(2): 229–238

Hackett S J, Kimball R T, Reddy S, Bowie R C, Braun E L, Braun M J, Chojnowski J L, Cox W A, Han K L, Harshman J, Huddleston C J. 2008. A phylogenomic study of birds reveals their evolutionary history. Science, 320(5884): 1763–1768

Haeckel E. 1866. Generelle Morphologie der Organismen. Berlin: Georg Reimer

He H Y, Wang X L, Jin F, Zhou Z H, Wang F, Yang L K, Ding X, Boven A, Zhu R X. 2006. The ^{40}Ar/^{39}Ar dating of the early Jehol Biota from Fengning, Hebei Province, northern China. Geochemistry, Geophysics, Geosystems, 7(4): Q04001

Hou L H. 1997. A carinate bird from the Upper Jurassic of western Liaoning, China. Chinese Science Bulletin, 42(5): 413–417

Hou L H, Liu Z C. 1984. A new fossil bird from Lower Cretaceous of Gansu and early evolution of birds. Science in China Series B, 27(12): 1296–1303

Hou L H, Zhang J Y. 1993. A new fossil bird from Lower Cretaceous of Liaoning. Vertebrate PalAsiatica, 31(3): 217–224

Hou L H, Zhou Z H, Gu Y C, Zhang H. 1995. *Confuciusornis sanctus*, a new Late Jurassic sauriurine bird from China. Chinese Science Bulletin, 40(18): 1545–1551

Hou L H, Martin L D, Zhou Z H, Feduccia A. 1996. Early adaptive radiation of birds: evidence from fossils from northeastern China. Nature, 274: 1164–1167

Hou L H, Martin L D, Zhou Z H, Feduccia A. 1999a. *Archaeopteryx* to opposite birds—missing link from the Mesozoic of China. Vertebrata PalAsiatica, 37(2): 88–95

Hou L H, Martin L D, Zhou Z H, Feduccia A, Zhang F C. 1999b. A diapsid skull in a new species of the primitive bird *Confuciusornis*. Nature, 399: 679–682

Hou L H, Chiappe L M, Zhang F C, Chuong C M. 2004. New Early Cretaceous fossil from China documents a novel trophic specialization for Mesozoic birds. Naturwissenschaften, 91(1): 22–25

Hou L H, Zhou Z H, Zhang F C, Wang Z. 2005. A Miocene ostrich fossil from Gansu Province, northwest China. Chinese Science Bulletin, 50(16): 1808–1810

Hu D Y, Li L, Hou L H, Xu X. 2010. A new sapeornithid bird from China and its implication for early avian evolution. Acta Geologica Sinica, 84(3): 472–482

Hu D Y, Li L, Hou L H, Xu X. 2011. A new enantiornithine bird from the Lower Cretaceous of western Liaoning, China. Journal of Vertebrate Paleontology, 31(1): 154–161

Hu D Y, Xu X, Hou L H, Sullivan C. 2012. A new enantiornithine bird from the Lower Cretaceous of western Liaoning, China, and its implications for early avian evolution. Journal of Vertebrate Paleontology, 32(3): 639–645

Hu H, O'Connor J K. 2017. First species of Enantiornithes from Sihedang elucidates skeletal development in Early Cretaceous enantiornithines. Journal of Systematic Palaeontology, 15(11): 909–926

Hu H, Zhou Z H, O'Connor J K. 2014. A subadult specimen of *Pengornis* and character evolution in Enantiornithes. Vertebrate PalAsiatica, 52(1): 77–97

Hu H, O'Connor J K, Zhou Z H. 2015. A new species of Pengornithidae (Aves: Enantiornithes) from the Lower Cretaceous of China suggests a specialized scansorial habitat previously unknown in early birds. PLoS ONE, 10(6): e0126791

Huang J, Wang X, Hu Y C, Liu J, Peteya J A, Clarke J A. 2016. A new ornithurine from the Early Cretaceous of China sheds light on the evolution of early ecological and cranial diversity in birds. PeerJ, 4: e1765

Jarvis E D, Mirarab S, Aberer A J, Li B, Houde P, Li C, Ho S Y W, Faircloth B C, Nabholz B, Howard J T, Suh A, Weber C C, da Fonseca R R, Li J, Zhang F, Li H, Zhou L, Narula N, Liu L, Ganapathy G, Boussau B, Bayzid M S, Zavidovych V, Subramanian S, Gabaldón T, Capella-Gutiérrez S, Huerta-Cepas J, Rekepalli B, Munch K, Schierup M, Lindow B, Warren W C, Ray D, Green R E, Bruford M W, Zhan X, Dixon A, Li S, Li N, Huang Y, Derryberry E P, Bertelsen M F, Sheldon F H, Brumfield R T, Mello C V, Lovell P V, Wirthlin M, Schneider M P C, Prosdocimi F, Samaniego J A, Velazquez A M V, Alfaro-Núñez A, Campos P F, Petersen B, Sicheritz-Ponten T, Pas A, Bailey T, Scofield P, Bunce M, Lambert D M, Zhou Q, Perelman P, Driskell A C, Shapiro B, Xiong Z, Zeng Y, Liu S, Li Z, Liu B, Wu K, Xiao J, Xiong Y Q, Zheng Q, Zhang Y, Yang H, Wang J, Smeds L, Rheindt F E, Braun M, Fjeldsa J, Orlando L, Barker F K, Jønsson K A, Johnson W, Koepfli K-P, O'Brien S, Haussler D, Ryder O A, Rahbek C, Willerslev E, Graves G R, Glenn T C, McCormack J, Burt D, Ellegren H, Alström P, Edwards S V, Stamatakis A, Mindell D P, Cracraft J, Braun E L, Warnow T, Jun W, Gilbert M T P, Zhang G. 2014. Whole-genome analyses resolve early branches in the tree of life of modern birds. Science, 346(6215): 1320–1331

Ji S A, Atterholt J, O'Connor J K, Lamanna M C, Harris J D, Li D Q, You H, Dodson P. 2011. A new, three-dimensionally preserved enantiornithine bird (Aves: Ornithothoraces) from Gansu Province, north-western China. Zoological Journal of the Linnean Society, 162(1): 201–219

Jin F, Zhang F C, Li Z H, Zhang J Y, Li C, Zhou Z H. 2008. On the horizon of *Protopteryx* and the early vertebrate fossil assemblages of the Jehol Biota. Chinese Science Bulletin, 53(18): 2820–2827

Kundrát M, Nudds J, Kear B P, Lü J C, Ahlberg P. 2019. The first specimen of *Archaeopteryx* from the Upper Jurassic Mörnsheim Formation of Germany. Historical Biology, 31(1): 3–63

Kuramoto T, Nishihara H, Watanabe M, Okada N. 2015. Determining the position of storks on the phylogenetic tree of waterbirds by retroposon insertion analysis. Genome Biology and Evolution, 7(12): 3180–3189

Kurochkin E. 2006. Parallel evolution of theropod dinosaurs and birds. Entomological Review, 86: S45–S58

Lefèvre U, Hu D Y, Escuillié F, Dyke G, Godefroit P. 2014. A new long-tailed basal bird from the Lower Cretaceous of north-eastern China. Biological Journal of the Linnean Society, 113(3): 790–804

Lerner H R, Mindell D P. 2005. Phylogeny of eagles, Old World vultures, and other Accipitridae based on nuclear and mitochondrial DNA. Molecular Phylogenetics and Evolution, 37(2): 327–346

Li J J, Li Z H, Zhang Y G, Zhou Z H, Bai Z, Zhang L F, Ba T Y. 2008. A new species of *Cathayornis* from Lower Cretaceous of Inner Mongolia, China and its stratigraphic significance. Acta Geologica Sinica, 82(6): 1115–1123

Li J L, Wu X C, Zhang F C. 2008. The Chinese Fossil Reptiles and Their Kin. Beijing: Science Press. 1–285

Li L, Ye D, Hu D Y, Wang L, Cheng S L, Hou L H. 2006. New eoenantiornithid bird from the Early Cretaceous Jiufotang Formation of western Liaoning, China. Acta Geologica Sinica, 80(1): 38–41

Li L, Wang J Q, Zhang X, Hou S L. 2012. A new enantiornithine bird from the Lower Cretaceous Jiufotang Formation in Jinzhou area, western Liaoning Province, China. Acta Geologica Sinica, 86(5): 1039–1044

Li Z H, Zhou Z, Deng T, Li Q, Clarke J A. 2014a. A falconid from the Late Miocene of northwestern China yields further evidence of transition in Late Neogene steppe communities. The Auk: Ornithological Advances, 131(3): 335–350

Li Z H, Zhou Z H, Wang M, Clarke J A. 2014b. A new specimen of large-bodied basal enantiornithine *Bohaiornis* from the Early Cretaceous of China and the inference of feeding ecology in Mesozoic birds. Journal of Paleontology, 88(1): 99–108

Li Z H, Clarke J A, Zhou Z H, Deng T. 2016. A new Old World vulture from the late Miocene of China sheds light on Neogene shifts in the past diversity and distribution of the Gypaetinae. The Auk: Ornithological Advances, 133(4): 615–625

Li Z H, Clarke J A, Eliason C M, Stidham T A, Deng T, Zhou Z. 2018. Vocal specialization through tracheal elongation in an extinct Miocene pheasant from China. Scientific Reports, 8(1): 8099

Li Z H, Stidham T A, Deng T, Zhou Z H. 2020. Evidence of Late Miocene Peri-Tibetan aridification from the oldest Asian species of sandgrouse (Aves: Pteroclidae). Frontiers in Ecology and Evolution, 59(8): 1–10

Liu D, Chiappe L M, Zhang Y G, Bell A, Meng Q, Ji Q, Wang X R. 2014. An advanced, new long-legged bird from the Early Cretaceous of the Jehol Group (northeastern China): insights into the temporal divergence of modern birds. Zootaxa, 3884(3): 253–266

Liu D, Chiappe L M, Serrano F, Habib M, Zhang Y G, Meng Q J. 2017. Flight aerodynamics in enantiornithines: Information from a new Chinese Early Cretaceous bird. PLoS ONE, 12(10): e0184637

Lowe P R. 1931. Struthious remains from northern China and Mongolia: With descriptions of *Struthio wimani*, *Struthio anderssoni* and *Struthio mongolicus*, spp. nov. Palaeontologia Sinica, 1931(6): 1–47

Manegold A, Zelenkov N. 2014. A new species of *Aegypius* vulture from the Early Pliocene of Moldova is the earliest unequivocal evidence of Aegypiinae in Europe. Paläontologische Zeitschrift, 89(3): 1–6

Martin L D. 1987. The beginning of the modern avian radiation. Documents des Laboratoires de Géologie de Lyon, 99: 9–19

Martin L D, Steadman D W, Rich P V. 1983. The origin and early radiation of birds. In: Brush A H, Clark J G A eds. Perspectives in Ornithology. Cambridge: Cambridge University Press. 291–354

Mayr G. 2009. "Core-Gruiformes" (Rails, Cranes, and Allies). In: Paleogene Fossil Birds. Springer, Berlin, Heidelberg. 93–103

Mayr G, Yang J, De Bast E, Li C S, Smith T. 2013. A *Strigogyps*-like bird from the middle Paleocene of China with an unusual grasping foot. Journal of Vertebrate Paleontology, 33(4): 895–901

Musser G, Li Z, Clarke J A. 2020. A new species of Eogruidae (Aves: Gruiformes) from the Miocene of the Linxia Basin, Gansu, China: Evolutionary and climatic implications. The Auk, 137(1): ukz067

Navalón G, Meng Q, Marugán-Lobón J, Zhang Y, Wang B, Xing H, Liu D, Chiappe L M. 2018. Diversity and evolution of the Confuciusornithidae: Evidence from a new 131-million-year-old specimen from the Huajiying Formation in NE China. Journal of Asian Earth Sciences, 152(Sup C): 12–22

O'Connor J K. 2009. A systematic review of Enantiornithes (Aves: Ornithothoraces). PhD thesis. University of Southern California. 1–600

O'Connor J K. 2012. A revised look at *Liaoningornis longidigitrus* (Aves). Vertebrate PalAsiatica, 50(1): 25–37

O'Connor J K, Dyke G. 2010. A reassessment of *Sinornis santensis* and *Cathayornis yandica* (Aves: Enantiornithes). Records of the Australian Museum, 62(1): 7–20

O'Connor J K, Zhou Z H. 2013. A redescription of *Chaoyangia beishanensis* (Aves) and a comprehensive phylogeny of Mesozoic birds. Journal of Systematic Palaeontology, 11(7): 889–906

O'Connor J K, Wang X L, Chiappe L M, Gao C L, Meng Q J, Cheng X D, Liu J Y. 2009. Phylogenetic support for a specialized clade of Cretaceous enantiornithine birds with information from a new species. Journal of Vertebrate

Paleontology, 29(1): 188–204

O'Connor J K, Gao K Q, Chiappe L M. 2010. A new ornithuromorph (Aves: Ornithothoraces) bird from the Jehol Group indicative of higher-level diversity. Journal of Vertebrate Paleontology, 30(2): 311–321

O'Connor J K, Chiappe L M, Gao C L, Zhao B. 2011a. Anatomy of the Early Cretaceous enantiornithine bird *Rapaxavis pani*. Acta Palaentologica Polonica, 56(3): 463–475

O'Connor J K, Sun C, Xu X, Wang X L, Zhou Z H. 2011b. A new species of *Jeholornis* with complete caudal integument. Historical Biology, 24(1): 29–41

O'Connor J K, Zhou Z H, Zhang F C. 2011c. A reappraisal of *Boluochia zhengi* (Aves: Enantiornithes) and a discussion of intraclade diversity in the Jehol avifauna, China. Journal of Systematic Palaeontology, 9(1): 51–63

O'Connor J K, Zhang Y G, Chiappe L M, Meng Q J, Li Q G, Liu D. 2013. A new enantiornithine from the Yixian Formation with the first recognized avian enamel specialization. Journal of Vertebrate Paleontology, 33(1): 1–12

O'Connor J K, Li D Q, Lamanna M C, Wang M, Harris J D, Atterholt J, You H L. 2015. A new Early Cretaceous enantiornithine (Aves, Ornithothoraces) from northwestern China with elaborate tail ornamentation. Journal of Vertebrate Paleontology, e1054035

O'Connor J K, Wang M, Hu H. 2016. A new ornithuromorph (Aves) with an elongate rostrum from the Jehol Biota, and the early evolution of rostralization in birds. Journal of Systematic Palaeontology, 14(11): 939–948

Olson S. 1974. *Telecrex* restudied: a small Eocene guineafowl. The Wilson Journal of Ornithology, 86: 246–250

Padian K, Chiappe L M. 1998. The origin and early evolution of birds. Biological Reviews, 73(1): 1–42

Pauline P, Zhou Z H, Zhang F C. 2009. A new species of the basal bird *Sapeornis* from the Early Cretaceous of Liaoning, China. Vertebrata PalAsiatica, 47(3): 194–207

Prum R O, Berv J S, Dornburg A, Field D J, Townsend J P, Lemmon E M, Lemmon A R. 2015. A comprehensive phylogeny of birds (Aves) using targeted next-generation DNA sequencing. Nature, 526: 569–573

Pu H Y, Chang H L, Lü J C, Wu Y H, Xu L, Zhang J M, Jia S H. 2013. A new juvenile specimen of *Sapeornis* (Pygostylia: Aves) from the Lower Cretaceous of Northeast China and allometric scaling of this basal bird. Paleontological Research, 17(1): 27–38

Rauhut O W M, Tischlinger H, Foth C. 2019. A non-archaeopterygid avialan theropod from the Late Jurassic of southern Germany. eLife, 8e43789

Schlosser M. 1924. Tertiary vertebrates from Mongolia. Palaeontologia Sinica, Ser. C, 1(1): 1–133

Sereno P C. 1998. A rationale for phylogenetic definitions, with application to the higher-level taxonomy of Dinosauria. Neues Jahrbuch für Geologie und Palaontologie Abhandlungen, 210: 41–83

Sereno P C, Rao C G. 1992. Early evolution of avian flight and perching: new evidence from the Lower Cretaceous of China. Science, 255(5046): 845–848

Sereno P C, Rao C G, Li J. 2002. *Sinornis santensis* (Aves: Enantiornithes) from the Early Cretaceous of northeastern China. In: Chiappe L M, Witmer L M eds. Mesozoic Birds: Above the Heads of Dinosaurs. California: University of California Press. 184–208

Sibley C G, Ahlquist J E. 1991. Phylogeny and Classification of Birds: A Study in Molecular Evolution. New Haven, Connecticut: Yale University Press

Sloan C P. 1999. Feathers for *T. rex*. National Geographic, 196(5): 98–107

Stidham T. 2015. Re-description and phylogenetic assessment of the Late Miocene ducks *Aythya shihuibas* and *Anas* sp. (Aves:

Anseriformes) from Lufeng, Yunnan, China. Vertebrata PalAsiatica, 53(4): 335–349

Sullivan C, Wang Y, Hone D, Wang Y, Xu X, Zhang F C. 2014. The vertebrates of the Jurassic Daohugou Biota of northeastern China. Journal of Vertebrate Paleontology, 34(2): 243–280

Turner A H, Makovicky P J, Norell M A. 2012. A review of dromaeosaurid systematics and paravian phylogeny. Bulletin of the American Museum of Natural History, 371: 1–206

Walker A. 1981. New subclass of birds from the Cretaceous of South America. Nature, 292: 51–53

Wang M, Liu D. 2016. Taxonomical reappraisal of Cathayornithidae (Aves: Enantiornithes). Journal of Systematic Palaeontology, 14(1): 29–47

Wang M, Lloyd G T. 2016. Rates of morphological evolution are heterogeneous in Early Cretaceous birds. Proceedings of the Royal Society of London B: Biological Sciences, 283: 20160214

Wang M, Zhou Z H. 2017a. A morphological study of the first known piscivorous enantiornithine bird from the Early Cretaceous of China. Journal of Vertebrate Paleontology, 37(2): e1278702

Wang M, Zhou Z H. 2017b. A new adult specimen of the basalmost ornithuromorph bird *Archaeorhynchus spathula* (Aves: Ornithuromorpha) and its implications for early avian ontogeny. Journal of Systematic Palaeontology, 15(1): 1–18

Wang M, Zhou Z H. 2017c. The evolution of birds with implications from new fossil evidences. In: Maina N J ed. The Biology of the Avian Respiratory System. Swizerland: Springer International Publishing. 1–26

Wang M, Mayr G, Zhang J Y, Zhou Z H. 2012a. New bird remains from the Middle Eocene of Guangdong, China. Acta Palaeontologica Polonica, 57(3): 519–526

Wang M, Mayr G, Zhang J Y, Zhou Z H. 2012b. Two new skeletons of the enigmatic, rail-like avian taxon *Songzia* Hou, 1990 (Songziidae) from the Early Eocene of China. Alcheringa: An Australasian Journal of Palaeontology, 36(4): 487–499

Wang M, O'Connor J K, Zhou Z H. 2014a. A new robust enantiornithine bird from the Lower Cretaceous of China with scansorial adaptations. Journal of Vertebrate Paleontology, 34(3): 657–671

Wang M, Zhou Z H, O'Connor J K, Zelenkov N V. 2014b. A new diverse enantiornithine family (Bohaiornithidae fam. nov.) from the Lower Cretaceous of China with information from two new species. Vertebrata PalAsiatica, 52(1): 31–76

Wang M, Zhou Z H, Xu G H. 2014c. The first enantiornithine bird from the Upper Cretaceous of China. Journal of Vertebrate Paleontology, 34(1): 135–145

Wang M, Li D, O'Connor J K, Zhou Z H, You H L. 2015a. Second species of enantiornithine bird from the Lower Cretaceous Changma Basin, northwestern China with implications for the taxonomic diversity of the Changma avifauna. Cretaceous Research, 55: 56–65

Wang M, Zheng X T, O'Connor J K, Lloyd G T, Wang X, Wang Y, Zhang X, Zhou Z H. 2015b. The oldest record of Ornithuromorpha from the Early Cretaceous of China. Nature Communications, 6: 6987

Wang M, Hu H, Li Z H. 2016a. A new small enantiornithine bird from the Jehol Biota, with implications for early evolution of avian skull morphology. Journal of Systematic Palaeontology, 14(6): 481–497

Wang M, Wang X L, Wang Y, Zhou Z H. 2016b. A new basal bird from China with implications for morphological diversity in early birds. Scientific Reports, 6: 19700

Wang M, Zhou Z H, Sullivan C. 2016c. A fish-eating enantiornithine bird from the Early Cretaceous of China provides evidence of modern avian digestive features. Current Biology, 26(9): 1170–1176

Wang M, Zhou Z H, Zhou S. 2016d. A new basal ornithuromorph bird (Aves: Ornithothoraces) from the Early Cretaceous of China with implication for morphology of early Ornithuromorpha. Zoological Journal of the Linnean Society, 176(1):

207–223

Wang M, Zhou Z H, Zhou S. 2016e. Renaming of *Bellulia* Wang, Zhou & Zhou, 2016. Zoological Journal of the Linnean Society, 177(3): 695

Wang M, Li Z H, Zhou Z H. 2017a. Insight into the growth pattern and bone fusion of basal birds from an Early Cretaceous enantiornithine bird. Proceedings of the National Academy of Sciences, 114(43): 11470–11475

Wang M, O'Connor J K, Pan Y H, Zhou Z H. 2017b. A bizarre Early Cretaceous enantiornithine bird with unique crural feathers and an ornithuromorph plough-shaped pygostyle. Nature Communications, 814141

Wang M, Stidham T A, Zhou Z H. 2018. A new clade of basal Early Cretaceous pygostylian birds and developmental plasticity of the avian shoulder girdle. Proceedings of the National Academy of Sciences, 115(42): 10708–10713

Wang M, O'Connor J K, Zhou Z H. 2019. A taxonomical revision of the Confuciusornithiformes (Aves: Pygostylia). Vertebrate PalAsiatica, 57(1): 1–37

Wang M, Li Z H, Liu Q Q, Zhou Z H. 2020. Two new Early Cretaceous ornithuromorph birds provide insights into the taxonomy and divergence of Yanornithidae (Aves: Ornithothoraces). Journal of Systematic Palaeontology, 18: 1805–1827

Wang X L, O'Connor J K, Zheng X T, Wang M, Hu H, Zhou Z H. 2014. Insights into the evolution of rachis dominated tail feathers from a new basal enantiornithine (Aves: Ornithothoraces). Biological Journal of the Linnean Society, 113: 805–819

Wang X R, O'Connor J K, Zhao B, Chiappe L M, Gao C L, Cheng X. 2010. New species of Enantiornithes (Aves: Ornithothoraces) from the Qiaotou Formation in northern Hebei, China. Acta Geologica Sinica, 84(2): 247–256

Wang X R, Chiappe L M, Teng F F, Ji Q. 2013. *Xinghaiornis lini* (Aves: Ornithothoraces) from the Early Cretaceous of Liaoning: an example of evolutionary mosaic in early birds. Acta Geologica Sinica, 87(3): 686–689

Wang Y, Wang M, O'Connor J K, Wang X L, Zheng X T, Zhang X M. 2016. A new Jehol enantiornithine bird with three-dimensional preservation and ovarian follicles. Journal of Vertebrate Paleontology, 36(2): e1054496

Wang Y M, O'Connor J K, Li D Q, You H L. 2013. Previously unrecognized ornithuromorph bird diversity in the Early Cretaceous Changma Basin, Gansu Province, northwestern China. PLoS ONE, 8(10): e77693

Wang Y M, O'Connor J K, Li D Q, You H L. 2015. New information on postcranial skeleton of the Early Cretaceous *Gansus yumenensis* (Aves: Ornithuromorpha). Historical Biology, 28(5): 666–679

Wellnhofer P. 2010. A short history of research on *Archaeopteryx* and its relationship with dinosaurs. Geological Society, London, 343(1): 237–250

Wetmore A. 1934. Fossil birds from Mongolia and China. American Museum Novitates, 711: 1–16

Xu X, Mackem S. 2013. Tracing the evolution of avian wing digits. Current Biology, 23(12): R538–R544

Xu X, Clark J M, Mo J Y, Choiniere J, Forster C A, Erickson G M, Hone D W E, Sullivan C, Eberth D A, Nesbitt S, Zhao Q, Hernandez R, Jia C, Han F, Guo Y. 2009a. A Jurassic ceratosaur from China helps clarify avian digital homologies. Nature, 459(7249): 940–944

Xu X, Zhao Q, Norell M, Sullivan C, Hone D, Erickson G, Wang X, Han F, Guo Y. 2009b. A new feathered maniraptoran dinosaur fossil that fills a morphological gap in avian origin. Chinese Science Bulletin, 54(3): 430–435

Xu X, You H L, Du K, Han F L. 2011. An *Archaeopteryx*-like theropod from China and the origin of Avialae. Nature, 475(7357): 465–470

Xu X, Zhou Z H, Dudley R, Mackem S, Chuong C M, Erickson G M, Varricchio D J. 2014. An integrative approach to understanding bird origins. Science, 346(6215): 1253293.1–10

You H L, Lamanna M C, Harris J D, Chiappe L M, O'Connor J K, Ji S A, Lü J C, Yuan C, Li D, Zhang X, Lacovara K J, Dodson P, Ji Q. 2006. A nearly modern amphibious bird from the Early Cretaceous of northwestern China. Science, 312(5780): 1640–1643

You H L, Atterholt J, O'Connor J K, Harris J D, Lamanna M C, Li D Q. 2010. A second Cretaceous ornithuromorph bird from the Changma Basin, Gansu Province, northwestern China. Acta Palaeontologica Polonica, 55(4): 617–625

Young C C. 1933. On the new finds of fossil eggs of *Struthio anderssoni* Lowe in North China with remarks on the egg remains found in Shansi, Shensi and in Choukoutien. Bulletin of the Geological Society of China, 12(1-2): 145–152

Young C C, Sun A L. 1960. New discoveries of fossil *Struthio* eggs in China and their stratigraphical significance. Vertebrata PalAsiatica, 2(2): 115–119

Young R L, Bever G S, Wang Z, Wagner G P. 2011. Identity of the avian wing digits: problems resolved and unsolved. Developmental Dynamics, 240(5): 1042–1053

Yuan C X. 2008. A new genus and species of Sapeornithidae from Lower Cretaceous in western Liaoning, China. Acta Geologica Sinica, 82(1): 48–55

Zhang F C, Zhou Z H. 2000. A primitive enantiornithine bird and the origin of feathers. Science, 290: 1955–1959

Zhang F C, Per G P E, Zhou Z H. 2004. Description of a new enantiornithine bird from the Early Cretaceous of Hebei, northern China. Canadian Journal of Earth Sciences, 41: 1097–1107

Zhang F C, Zhou Z H, Benton M J. 2008. A primitive confuciusornithid bird from China and its implications for early avian flight. Science in China Series A, 51: 625–639

Zhang Y G, Zhang L, Li Z H. 2010. New discovery and flying skills of *Cathayornis* from the Lower Cretaceous strata of the Otog Qi in Inner Mongolia, China. Geological Bulletin of China, 29(7): 988–992

Zhang Y G, O'Connor J K, Liu D, Meng Q J, Sigurdsen T, Chiappe L M. 2014. New information on the anatomy of the Chinese Early Cretaceous Bohaiornithidae (Aves: Enantiornithes) from a subadult specimen of *Zhouornis hani*. PeerJ, 2: e407

Zhang Z H, Gao C L, Meng Q J, Liu J Y, Hou L H, Zheng G M. 2009. Diversification in an Early Cretaceous avian genus: evidence from a new species of *Confuciusornis* from China. Journal of Ornithology, 150(4): 783–790

Zhang Z H, Zheng X T, Zheng G M, Hou L H. 2010. A new Old World vulture (Falconiformes: Accipitridae) from the Miocene of Gansu Province, Northwest China. Journal of Ornithology, 151(2): 401–408

Zhang Z H, Huang Y P, James H F, Hou L H. 2012. Two Old World vultures from the Middle Pleistocene of northeastern China and their implications for interspecific competition and biogeography of Aegypiinae. Journal of Vertebrate Paleontology, 32(1): 117–124

Zhang Z H, Chiappe L M, Han G, Chinsamy A. 2013. A large bird from the Early Cretaceous of China: new information on the skull of enantiornithines. Journal of Vertebrate Paleontology, 33(5): 1176–1189

Zhao T, Mayr G, Wang M, Wang W. 2015. A trogon-like arboreal bird from the Early Eocene of China. Alcheringa: An Australasian Journal of Palaeontology, 39(2): 287–294

Zheng X T, Zhang Z H, Hou L H. 2007. A new enantiornitine bird with four long rectrices from the Early Cretaceous of northern Hebei, China. Acta Geologica Sinica, 81(5): 703–708

Zheng X T, Martin L D, Zhou Z H, Burnham D A, Zhang F, Miao D S. 2011. Fossil evidence of avian crops from the Early Cretaceous of China. Proceedings of the National Academy of Sciences, 108(38): 15904–15907

Zheng X T, O'Connor J, Huchzermeyer F, Wang X, Wang Y, Wang M, Zhou Z H. 2013. Preservation of ovarian follicles reveals early evolution of avian reproductive behaviour. Nature, 495(7442): 507–511

Zheng X T, O'Connor J K, Wang X L, Zhang X M, Wang Y. 2014. New information on Hongshanornithidae (Aves: Ornithuromorpha) from a new subadualt specimen. Vertebrata PalAsiatica, 52(2): 217–232

Zheng X T, O'Connor J K, Wang X L, Pan Y H, Wang Y, Wang M, Zhou Z H. 2017. Exceptional preservation of soft tissue in a new specimen of *Eoconfuciusornis* and its biological implications. National Science Review, 4(3): 441–452

Zhou S, Zhou Z H, O'Connor J K. 2012. A new basal beaked Ornithurine bird from the Lower Cretaceous of western Liaoning, China. Vertebrata PalAsiatica, 50(1): 9–24

Zhou S, Zhou Z H, O'Connor J K. 2013. Anatomy of the basal ornithuromorph bird *Archaeorhynchus spathula* from the Early Cretaceous of Liaoning, China. Journal of Vertebrate Paleontology, 33(1): 141–152

Zhou S, O'Connor J K, Wang M. 2014a. A new species from an ornithuromorph (Aves: Ornithothoraces) dominated locality of the Jehol Biota. Chinese Science Bulletin, 59(36): 5366–5378

Zhou S, Zhou Z H, O'Connor J K. 2014b. A new piscivorous ornithuromorph from the Jehol Biota. Historical Biology, 26(5): 608–618

Zhou Z H. 2002. A new and primitive enantiornithine bird from the Early Cretaceous of China. Journal of Vertebrate Paleontology, 22(1): 49–57

Zhou Z H. 2004. The origin and early evolution of birds: discoveries, disputes, and perspectives from fossil evidence. Naturwissenschaften, 91(10): 455–471

Zhou Z H, Hou L H. 2002. The discovery and study of Mesozoic birds in China. In: Chiappe L M, Witmer L M eds. Mesozoic Birds: Above the Heads of Dinosaurs. California: University of California Press. 160–183

Zhou Z H, Wang Y. 2010. Vertebrate diversity of the Jehol Biota as compared with other lagerstätten. Science China Earth Sciences, 53(12): 1894–1907

Zhou Z H, Zhang F C. 2001. Two new ornithurine birds from the Early Cretaceous of western Liaoning, China. Chinese Science Bulletin, 46(15): 1258–1264

Zhou Z H, Zhang F C. 2002a. A long-tailed, seed-eating bird from the Early Cretaceous of China. Nature, 418: 405–409

Zhou Z H, Zhang F C. 2002b. Largest bird from the Early Cretaceous and its implications for the earliest avian ecological diversification. Naturwissenschaften, 89: 34–38

Zhou Z H, Zhang F C. 2003. Anatomy of the primitive bird *Sapeornis chaoyangensis* from the Early Cretaceous of Liaoning, China. Canadian Journal of Earth Sciences, 40(5): 731–747

Zhou Z H, Zhang F C. 2005. Discovery of an ornithurine bird and its implication for Early Cretaceous avian radiation. Proceedings of the National Academy of Science, 102: 18998–19002

Zhou Z H, Zhang F C. 2006a. Mesozoic birds of China—a synoptic review. Vertebrata PalAsiatica, 44(1): 74–98

Zhou Z H, Zhang F C. 2006b. A beaked basal ornithurine bird (Aves, Ornithurae) from the Lower Cretaceous of China. Zoologica Scripta, 35(4): 363–373

Zhou Z H, Jin F, Zhang J Y. 1992. Preliminary report on a Mesozoic bird from Liaoning, China. Chinese Science Bulletin, 37(16): 1365–1368

Zhou Z H, Clarke J A, Zhang F C. 2002. *Archaeoraptor*'s better half. Nature, 420(6913): 285

Zhou Z H, Chiappe L M, Zhang F C. 2005. Anatomy of the Early Cretaceous bird *Eoenantiornis buhleri* (Aves: Enantiornithes) from China. Canadian Journal of Earth Sciences, 42(7): 1331–1338

Zhou Z H, Clarke J, Zhang F C. 2008. Insight into diversity, body size and morphological evolution from the largest Early

Cretaceous enantiornithine bird. Jornal of Anatomy, 212: 565–577

Zhou Z H, Zhang F C, Li Z H. 2009. A new basal ornithurine bird (*Jianchangornis microdonta* gen. et sp. nov.) from the Lower Cretaceous of China. Vertebrata PalAsiatica, 47(4): 299–310

Zhou Z H, Li Z H, Zhang F C. 2010. A new Lower Cretaceous bird from China and tooth reduction in early avian evolution. Proceedings of the Royal Society B: Biological Sciences, 277(1679): 219–227

汉-拉学名索引

拉-汉学名索引

《中国古脊椎动物志》总目录 (2016 年 10 月修订)
（共三卷二十三册，计划 2015 – 2022 年出版）

第一卷　鱼类　主编：张弥曼，副主编：朱敏

第一册（总第一册）**无颌类**　朱敏等 编著　（2015 年出版）

第二册（总第二册）**盾皮鱼类**　朱敏、赵文金等 编著

第三册（总第三册）**辐鳍鱼类**　张弥曼、金帆等 编著

第四册（总第四册）**软骨鱼类 棘鱼类 肉鳍鱼类**

　　　　张弥曼、朱敏等 编著

第二卷　两栖类 爬行类 鸟类　主编：李锦玲，副主编：周忠和

第一册（总第五册）**两栖类**　王原等 编著　（2015 年出版）

第二册（总第六册）**副爬行类 大鼻龙类 龟鳖类**　李锦玲、佟海燕 编著

　　　　（2017 年出版）

第三册（总第七册）**离龙类 鱼龙型类 海龙类 鳍龙类 鳞龙类**

　　　　高克勤、尚庆华、李淳等 编著　（2021 年出版）

第四册（总第八册）**基干主龙型类 鳄型类 翼龙类**

　　　　吴肖春、李锦玲、汪筱林等 编著　（2017 年出版）

第五册（总第九册）**鸟臀类恐龙**　董枝明、尤海鲁、彭光照 编著　（2015 年出版）

第六册（总第十册）**蜥臀类恐龙**　徐星、尤海鲁、莫进尤 编著　（2021 年出版）

第七册（总第十一册）**恐龙蛋类**　赵资奎、王强、张蜀康 编著　（2015 年出版）

第八册（总第十二册）**中生代爬行类和鸟类足迹**　李建军 编著　（2015 年出版）

第九册（总第十三册）**鸟类**　周忠和、王敏、李志恒 编著　（2022 年出版）

第三卷　基干下孔类 哺乳类　主编：邱占祥，副主编：李传夔

第一册（总第十四册）**基干下孔类**　李锦玲、刘俊 编著　（2015 年出版）

第二册（总第十五册）**原始哺乳类**　孟津、王元青、李传夔 编著　（2015 年出版）

第三册（总第十六册）**劳亚食虫类 原真兽类 翼手类 真魁兽类 狉兽类**

　　李传夔、邱铸鼎等 编著　（2015 年出版）

第四册（总第十七册）**啮型类 I：　双门齿中目 单门齿中目 - 混齿目**

　　李传夔、张兆群 编著　（2019 年出版）

第五册（上）（总第十八册上）**啮型类 II：　啮齿目 I**　李传夔、邱铸鼎等 编著

　　（2019 年出版）

第五册（下）（总第十八册下）**啮型类 II：　啮齿目 II**

　　邱铸鼎、李传夔、郑绍华等 编著　（2020 年出版）

第六册（总第十九册）**古老有蹄类**　王元青等 编著

第七册（总第二十册）**肉齿类 食肉目**　邱占祥、王晓鸣、刘金毅 编著

第八册（总第二十一册）**奇蹄目**　邓涛、邱占祥等 编著

第九册（总第二十二册）**偶蹄目 鲸目**　张兆群等 编著

第十册（总第二十三册）**蹄兔目 长鼻目等**　陈冠芳等 编著　（2021 年出版）

PALAEOVERTEBRATA SINICA (modified in October, 2016)
(3 volumes 23 fascicles, planned to be published in 2015–2022)

Volume I Fishes

Editor-in-Chief: **Zhang Miman**, Associate Editor-in-Chief: **Zhu Min**

Fascicle 1 (Serial no. 1)   Agnathans   **Zhu Min et al.**   (2015)

Fascicle 2 (Serial no. 2)   Placoderms   **Zhu Min, Zhao Wenjin et al.**

Fascicle 3 (Serial no. 3)   Actinopterygians   **Zhang Miman, Jin Fan et al.**

Fascicle 4 (Serial no. 4)   Chondrichthyes, Acanthodians, and Sarcopterygians
Zhang Miman, Zhu Min et al.

Volume II Amphibians, Reptilians, and Avians

Editor-in-Chief: **Li Jinling**, Associate Editor-in-Chief: **Zhou Zhonghe**

Fascicle 1 (Serial no. 5)   Amphibians   **Wang Yuan et al.**   (2015)

Fascicle 2 (Serial no. 6)   Parareptilians, Captorhines, and Testudines
Li Jinling and Tong Haiyan   (2017)

Fascicle 3 (Serial no. 7)   Choristodera, Ichthyosauromorpha, Thalattosauria,
Sauropterygia, and Lepidosauria   **Gao Keqin, Shang Qinghua, Li Chun et al.**   (2021)

Fascicle 4 (Serial no. 8)   Basal Archosauromorphs, Crocodylomorphs, and
Pterosaurs   **Wu Xiaochun, Li Jinling, Wang Xiaolin et al.**   (2017)

Fascicle 5 (Serial no. 9)   Ornithischian Dinosaurs   **Dong Zhiming, You Hailu,
and Peng Guangzhao**   (2015)

Fascicle 6 (Serial no. 10)   Saurischian Dinosaurs   **Xu Xing, You Hailu, and Mo Jinyou**
(2021)

Fascicle 7 (Serial no. 11)   Dinosaur Eggs   **Zhao Zikui, Wang Qiang, and Zhang Shukang**
(2015)

Fascicle 8 (Serial no. 12)   Footprints of Mesozoic Reptilians and Avians   **Li Jianjun**   (2015)

Fascicle 9 (Serial no. 13)   Avians   **Zhou Zhonghe, Wang Min, and Li Zhiheng**   (2022)

Volume III Basal Synapsids and Mammals

Editor-in-Chief: **Qiu Zhanxiang**, Associate Editor-in-Chief: **Li Chuankui**

(Q—4818.01)

www.sciencep.com

ISBN 978-7-03-065199-0

定　价：218.00元